PROGRAMMES 2015

Cap Maths

GS

Roland Charnay
Marie-Paule Dussuc
Raymonde Challéat

Guide de l'enseignant

EXTRAITS

- La présentation de la méthode
- L'unité 1

Hatier
www.editions-hatier.fr

PROGRAMMES 2015

Cap Maths

GS

GUIDE DE L'ENSEIGNANT

Roland Charnay
Professeur de mathématiques

Marie-Paule Dussuc
Professeur de mathématiques en ESPE

Raymonde Challéat
Professeur des écoles, maitre formateur

EXTRAIT

Hatier

SOMMAIRE

La présentation de Cap Maths GS

L'UNITÉ 1 au complet

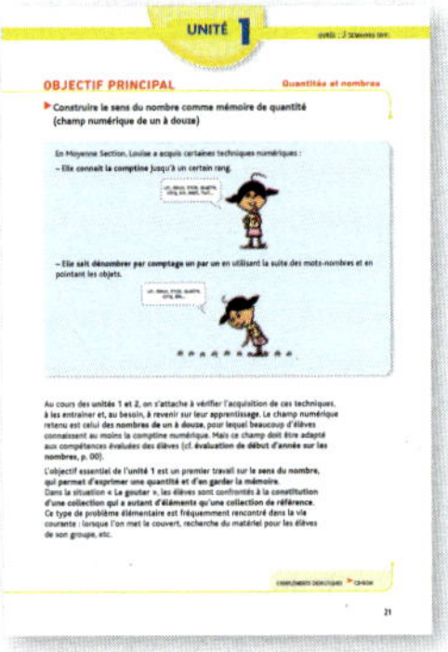

La Boite de matériel pédagogique (extrait)

ISBN : 978-2-218-04951

Pourquoi Cap Maths en Grande Section ?

La collection Cap Maths, en usage depuis plusieurs années pour toutes les classes de l'école élémentaire, s'enrichit d'une proposition d'outils « clés en mains » pour la Grande Section de l'École Maternelle.

L'**objectif des auteurs** est de répondre à une demande souvent entendue d'un **ensemble complet d'activités** qui prend en compte les avancées de la recherche et les recommandations formulées dans les nouveaux programmes avec le souci d'améliorer la liaison entre la Grande Section et le CP.

▶ Prendre en compte les acquis de la recherche

De nombreux travaux, portant sur l'acquisition des nombres par les jeunes enfants[1], permettent de repenser l'enseignement et l'apprentissage des nombres pour les premiers niveaux de l'école. La progression relative aux quantités et aux nombres de **Cap Maths GS** s'inscrit dans cette perspective.

▶ Prendre en compte les orientations des nouveaux programmes

Concernant les modalités spécifiques d'apprentissage à ce niveau de la scolarité, ces programmes insistent sur **quatre points fondamentaux** : apprendre en jouant ; apprendre en réfléchissant et en résolvant des problèmes ; apprendre en s'exerçant ; apprendre en se remémorant et en mémorisant.

Les utilisateurs familiers de **Cap Maths** n'auront aucun mal à se reconnaitre dans ces orientations, une place particulière pour le jeu devant être retenue pour l'école maternelle. Concernant plus spécifiquement les mathématiques, nous avons tenu compte des attendus et des recommandations formulés pour les trois grands domaines d'étude, en mettant l'accent sur les points les plus importants :
- organiser et structurer les quantités, en particulier en utilisant les nombres ;
- comparer, trier, identifier des formes et des grandeurs ;
- se repérer dans le temps et dans l'espace.

▶ Prendre en compte la réalité de la classe

La pédagogie de l'École Maternelle suppose une organisation complexe faite de différents moments : accueil, regroupements collectifs, ateliers dirigés, ateliers autonomes, coins jeux... Notre volonté est d'aider les enseignants dans la mise en place des activités mathématiques. Nous avons donc eu un triple souci :
- articuler les différents modes d'organisation présents à l'école maternelle ;
- tenir compte de l'organisation dans la durée avec un découpage de l'année en 10 unités et une description des activités à l'intérieur de chaque unité ;
- fournir un dispositif adaptable aux classes à cours multiples, fréquentes à l'école maternelle.

Dans Cap Maths, les enseignants de GS trouveront donc :

▶ **Une progression complète** pour chacun des domaines relevant des mathématiques, soigneusement établie en tenant compte des programmes en vigueur.

▶ **Un guidage au quotidien** sécurisant pour l'enseignant qui peut s'emparer directement de la méthode proposée et, à l'usage, l'adapter aux possibilités et aux besoins de sa classe.

▶ **Des activités décrites avec précision** (objectif, matériel, mise en œuvre, place du langage oral et écrit) pensées en fonction des moments particuliers de la classe.

▶ **Les outils nécessaires à la mise en œuvre des activités.**

▶ **Des commentaires didactiques** permettant notamment une différenciation des activités.

L'ensemble a été testé dans plusieurs classes de Grande Section et nous espérons que les enseignants (et leurs élèves) qui nous feront confiance y trouveront autant d'intérêt que de plaisir. Nous sommes, bien entendu, à l'écoute de leurs remarques et suggestions.

---

1. On en trouve une synthèse remarquable et documentée dans le récent ouvrage de Michel Fayol, *L'Acquisition du nombre*, coll. Que sais-je ?, PUF, 2012.
Les retombées didactiques et pédagogiques sont présentées dans l'ouvrage de Roland Charnay, *Comment enseigner les nombres entiers et la numération décimale de la PS au CM2 ?*, Hatier, 2013.

Les supports de Cap Maths

Pour l'enseignant

Le GUIDE de l'enseignant

Le Guide est le « pivot » de la méthode, c'est un outil incontournable.

Le guide comprend :

- **Les choix de progression pour les trois domaines :** Quantités et nombres, Formes et grandeurs, Espace et temps.
- **Les choix didactiques :** place de la résolution de problèmes dans l'apprentissage et développement du raisonnement, appui sur le langage.
- **Les activités classées selon l'organisation de classe pour chacune des 10 unités :**
  – des activités collectives rituelles ;
  – un atelier dirigé sur 3 séances : la situation de référence ;
  – 2 ou 3 ateliers dirigés d'une séance chacun ;
  – des ateliers autonomes et des jeux.
- **Les évaluations :**
  – deux en début d'année sur les nombres et les formes ;
  – une à la moitié de l'année et une autre en fin d'année.

Le CD-rom du guide

Inclus dans le guide, il comprend :

- **Les fiches matériel des différentes activités** – notamment des situations de référence – à imprimer, photocopier et découper par l'enseignant.
- **Des fiches d'observation** permettant de garder la trace des procédures et de l'évolution des élèves dans les situations de référence.
- **Des instructions pour aider l'ATSEM** à mener certains ateliers dirigés.
- **Des compléments didactiques.**
- **Des relevés des compétences du socle.**

Le SITE compagnon

- Le forum de discussion.

Pour l'élève

La boite de matériel

Le matériel se présente sous forme de cartes, de planches prédécoupées ou de posters.

- **Pour les activités collectives :**
  – 6 suites différentes de cartes collectives
  – 1 bande numérique
  – 2 posters supports d'activité
  – 10 chiffres à manipuler (en 2 exemplaires)
  – les cartes personnages de la méthode
- **Pour les activités dirigées ou autonomes, le matériel est prévu pour des ateliers de 6 à 10 élèves :**
  – 4 suites de cartes collections ou nombres (en 6 exemplaires)
  – une bande numérique individuelle adaptable (en 6 exemplaires)
  – 18 cartes points de couleur (en 6 exemplaires)
  – 26 formes géométriques (en 4 exemplaires)
  – 52 cartes formes
  – des carrés de couleur unie et bicolores
  – du matériel à découper, des quadrillages.
- **Pour les jeux, le matériel est prévu pour 4 à 6 joueurs :**
  – 10 planches différentes de loto (en 2 exemplaires) ;
  – 13 puzzles différents ;
  – des plateaux de jeux et matériel pour 9 jeux différents.

Le cahier de l'élève

Conçu pour habituer progressivement l'élève de GS à l'utilisation d'un outil qui lui est personnel, le cahier comprend :

- **32 fiches attrayantes** pour certaines activités de consolidation et d'entrainement autonome où il faut coller, colorier, dessiner, écrire.
- **6 planches de matériel**, placées en milieu de cahier, à découper par l'enseignant ou l'élève.
- **Des rabats** permettant de centrer l'attention de l'élève sur une page.

Le CD-rom cycle 2

Outil utilisable dès la GS et pour tout le cycle 2, ce CD-Rom comprend :

- **Des activités interactives** qui complètent et prolongent certaines situations de Cap Maths.

L'organisation du travail avec Cap Maths

▶ **Le travail de l'année est découpé en 10 unités de 3 semaines environ**. Pour chacune des 10 unités, toutes les activités sont très précisément décrites dans le guide.

▶ **Les activités sont regroupées suivant les types d'organisation pédagogique fréquents dans une classe maternelle**. Cela permet à l'enseignant de choisir les activités adaptées à sa classe y compris à une classe à cours multiples fonctionnant par ateliers. L'organisation en ateliers amène à différencier des ateliers dirigés par l'enseignant ou l'ATSEM fonctionnant en parallèle avec des ateliers autonomes, où l'enseignant donne des consignes et où la validation du travail des élèves peut être le plus souvent différée. Mais l'organisation est **adaptable en fonction des choix pédagogiques de l'enseignant** ; en particulier, la duplication du matériel permet de mener la situation de référence en demi-classe ou en classe entière.

Organisation pédagogique Types d'activités pour chaque unité	Description des activités	Matériel pédagogique
En collectif au coin regroupement Familiarisation / Consolidation **De 3 à 6 activités collectives rituelles** Elles sont menées à l'oral avec un support matériel et sont indépendantes les unes des autres.	Les activités sont décrites dans le **guide**. Leur nombre varie suivant la période de l'année.	Les supports collectifs sont fournis dans la **boite de matériel** ou à imprimer à partir du **CD-Rom du guide**.
En atelier dirigé de 6 à 8 élèves Apprentissage **Une situation de référence à mener sur 2 à 3 séances** Ces situations représentent des étapes importantes dans la progression des apprentissages des différents domaines sur l'année. Le travail peut être individuel, par équipes ou pour tout le groupe.	Le déroulement est décrit dans le **guide**, étayé par des commentaires didactiques permettant d'analyser les procédures des élèves, de comprendre ce qui est en jeu dans la situation pour pouvoir la mener au mieux. Une **fiche pour l'observation** et le suivi des élèves est fournie dans le **CD-Rom**.	Le matériel et les supports élèves sont fournis dans **la boite de matériel** ou à imprimer à partir du **CD-Rom du guide**, mais quelquefois aussi à fabriquer ou à recueillir par l'enseignant comme les boites d'emballage pour la situation 2. Le matériel non fourni est habituellement présent en classe : jetons, gommettes, pailles, pâte à modeler... Quelques traces, en fin de situation, sont prévues dans le **cahier de l'élève**.
En atelier dirigé de 6 à 8 élèves Apprentissage **De 1 à 3 situations d'apprentissage indépendantes d'1 séance** Elles visent des objectifs non traités par les situations de référence. Le travail peut être individuel ou par équipes.	Le déroulement est décrit dans le **guide**. Une **fiche explicative** est prévue dans le **CD-Rom** pour l'adulte aidant (ATSEM ou AVS) qui mène l'atelier.	Le matériel et les supports élèves sont à imprimer à partir du **CD-Rom du guide**. Le matériel non fourni est habituellement présent dans les classes.
En atelier autonome de 6 élèves Consolidation / Entrainement / Familiarisation **De 6 à 10 activités autonomes d'1 séance** Elles sont indépendantes les unes des autres et des situations d'apprentissage de l'unité. Le travail peut être individuel ou par équipes.	La consigne est décrite dans le **guide**, des éléments de différenciation sont souvent proposés. Le grand nombre d'ateliers proposés permet une grande souplesse d'organisation.	Le matériel et les supports pour 6 élèves sont fournis dans la **boite de matériel** ou à imprimer à partir du **CD-Rom du guide**. Certaines activités sont à réaliser dans le **cahier de l'élève**.
En atelier autonome de 6 élèves Entrainement / Familiarisation **De 3 à 4 jeux à règles** Les jeux sont prévus pour un joueur individuel ou pour un groupe de 2 à 6 joueurs. Ils peuvent être proposés à l'accueil ou comme activité de repli.	La règle du jeu est décrite dans le **guide**. Des adaptations ou des variantes sont souvent proposées.	Le matériel et les supports élèves sont fournis dans la **boite de matériel**. Le matériel non fourni est présent habituellement en classe : jetons, dés, cartes à jouer traditionnelles...

Les étapes de l'apprentissage

▶ Les situations de référence sont des situations-problèmes s'appuyant sur du matériel.

Le support matériel et la manipulation favorisent l'appropriation de la situation. Le **problème posé** amène les élèves à expérimenter, à anticiper, à raisonner, à chercher pour élaborer des procédures. La réalisation matérielle de ces procédures va permettre leur validation.

▶ La structuration des apprentissages et la mémorisation passent par le langage.

Progressivement, avec **l'aide de l'enseignant** qui le sollicite, **l'élève apprend à verbaliser sa démarche**, à critiquer celle de son camarade, à confronter son point de vue à celui d'un autre. L'enseignant s'appuie sur les formulations des élèves pour dire la connaissance, décrire la procédure nouvelle mise en évidence dans la situation d'apprentissage. Des indications précises sont données dans le guide pour aider les enseignants dans ce processus. **L'entrée dans l'écrit est progressive**, des situations spécifiques amènent les élèves à comprendre la nécessité du passage par l'écrit pour mémoriser ou communiquer des informations.

▶ La situation de référence se déroule sur plusieurs séances, ce qui permet la progressivité de l'apprentissage.

Généralement la première séance permet aux élèves de comprendre les contraintes du **problème posé**. Chaque élève est confronté plusieurs fois au problème, ce qui lui permet d'expérimenter, d'éprouver sa procédure. La modification des contraintes au cours des deux séances suivantes favorise l'**évolution des procédures**. Les nouvelles connaissances sont entrainées dans l'unité suivante.

▶ Le processus d'apprentissage se déroule sur plusieurs unités.

Les activités des ateliers autonomes d'une unité ont deux fonctions :
– elles permettent la familiarisation avec les supports de la situation d'apprentissage de l'unité suivante ;
– elles consolident et entrainent les apprentissages réalisés dans les unités précédentes.

Atelier autonome de l'unité précédente : **Familiarisation avec les supports de la situation** → **Situation de référence** → Atelier dirigé ou autonome de l'unité suivante : **Consolidation, entrainement des procédures construites**

▶ Les situations d'apprentissage sont adaptées aux compétences évaluées des élèves.

En s'appuyant sur les données de l'évaluation diagnostique ou sur l'observation de ce que fait chaque élève lors de la première séance, l'enseignant **adapte la situation** aux possibilités de chacun. Des pistes pour cette différenciation sont données dans le guide : choix des quantités, des supports, des contraintes...

Fiche 4
Unité 1 - Le gouter
Guide p. 18

Fiche d'observation « Le gouter »

Prévoir pour chaque élève et pour chaque essai le nombre d'assiettes vides et leur disposition en fonction de ses compétences de dénombrement et de sa réussite aux différentes phases de la situation.
En cours d'activité, noter les réussites et échec et les procédures utilisées.

Proposition de codage des procédures :
ND : prend des biscuits sans dénombrement
1 à 1 : va chercher 1 à 1 les biscuits nécessaires
RD : réajuste en dénombrant les assiettes qui restent vides (si plusieurs voyages possibles)
DA : dénombre les assiettes vides, de manière correcte (OK) ou non
DB : dénombre les biscuits, de manière correcte (OK) ou non
NA : assiettes dénombrées, mais nombre non mémorisé

Nom de l'élève	Séance 1 plusieurs voyages *Noter nombre de voyages, nombre de biscuits rapporté à chaque voyage et procédure.*			Séance 2 plusieurs voyages *Noter nombre de voyages, nombre de biscuits rapporté à chaque voyage et procédure.*		Séance 2 1 seul voyage *Noter réussite (R) / échec (E) et procédure.*		Séance 3 1 seul voyage *Noter réussite (R) / échec (E) et procédure.*		Séance 3 commande orale *Noter nombre dit.*
	Nb assiettes vides :	Nb assiettes vides :	Nb assiettes vides :	Nb assiettes vides :	Nb assiettes vides :	Nb assiettes vides :	Nb assiettes vides :	Nb assiettes vides :	Nb assiettes vides :	Nb assiettes vides :
	Nb as :	Nb as. :	Nb as :	Nb as :	Nb as :	Nb as :	Nb as :	Nb as :	Nb as :	Nb as :
	Nb as :	Nb as :	Nb as :	Nb as :	Nb as :	Nb as :	Nb as :	Nb as :	Nb as :	Nb as :
	Nb as :	Nb as :	Nb as :	Nb as :	Nb as :	Nb as :	Nb as :	Nb as :	Nb as :	Nb as :
	Nb as :	Nb as :	Nb as :	Nb as :	Nb as :	Nb as :	Nb as :	Nb as :	Nb as :	Nb as :
	Nb as :	Nb as :	Nb as :	Nb as :	Nb as :	Nb as :	Nb as :	Nb as :	Nb as :	Nb as :

Une grille **d'observation et d'adaptation**, fournie dans le CD-Rom du guide, pour chaque situation de référence, permet le suivi des élèves.

Ainsi, **la fiche d'observation de la situation Le gouter** permet à l'enseignant d'adapter le travail de chaque élève et d'en assurer le suivi.

Un environnement motivant

▶ Quatre personnages accompagnent les élèves dans leurs apprentissages.

La présence des deux enfants et de leurs deux compagnons aide à la formulation et à la compréhension des consignes. Des cartes des personnages figurent dans la boite de matériel.

Mo

Zac

Gribouille

Kikou

▶ Les contextes des situations sont choisis avec soin :

– Ils sont souvent familiers aux élèves et donc facilement compréhensibles par eux, comme la préparation du gouter, la décoration des gâteaux…

– Ils sont adaptés à la vie de la classe et au déroulement de l'année, comme pour la construction de décorations pour Noël.

– Ils peuvent aussi être porteurs de connaissances et de procédures à construire, comme les puzzles.

▶ Les pages du cahier, le matériel et les planches de jeux sont attrayants et conçus pour plaire aux élèves de cet âge.

Par exemple, **le plateau du jeu de la course de voitures,** utilisé en unité 3 pour s'exercer à dénombrer de petites collections, est fourni dans la boite de matériel, au format 700 mm x 500 mm.
Les règles du jeu sont indiquées dans le guide.

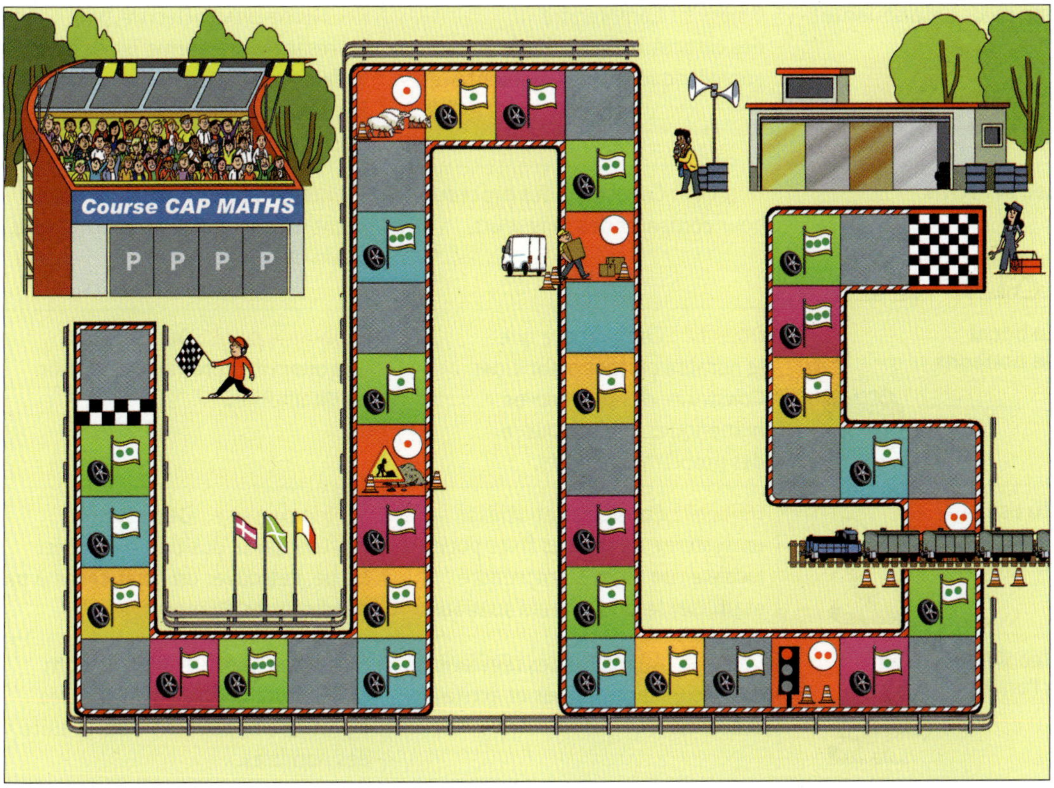

Les 10 situations de référence

10 situations d'apprentissage pour **10 objectifs fondamentaux**.

Chaque situation est un **problème**, posé dans un contexte porteur de sens grâce à un **matériel** attrayant, que **chaque élève résout** avec l'aide des autres élèves et de l'enseignant.

- Nombres et quantités
- Formes et grandeurs
- Espace et temps

1	**Le gouter** 	**Objectif :** Construire le sens du nombre comme mémoire de quantité.	**Problème posé :** Constituer une collection qui a autant d'éléments qu'une collection de référence donnée de 1 à 12 éléments.
2	**Les belles boites** 	**Objectif :** Passer d'une perception globale d'un objet à une perception plus analytique.	**Problème posé :** Identifier l'ensemble des figures planes qui constituent l'enveloppe d'un pavé.
3	**Décorer les gâteaux** 	**Objectif :** Utiliser des procédures numériques et non numériques pour résoudre des problèmes portant sur des quantités.	**Problème posé :** Partager équitablement une collection en 3 parts.
4	**Brico-lutin** 	**Objectif :** Anticiper une chronologie, planifier. Représenter cette chronologie.	**Problème posé :** Déterminer les étapes à réaliser pour résoudre un problème de reproduction.
5	**Les médailles de champion** 	**Objectif :** Mettre en relation la comparaison de quantités et l'ordre des nombres.	**Problème posé :** Choisir une collection qui a plus d'éléments qu'une collection donnée.
6	**Les pièces manquantes** 	**Objectif :** Comprendre des caractéristiques des formes géométriques planes élémentaires.	**Problème posé :** Décrire, puis représenter une forme plane dont le dessin de la surface est donné. Reconnaitre une forme à partir de sa description.
7	**Les serpents** 	**Objectif :** Construire des procédures pour comparer des longueurs.	**Problème posé :** Choisir un objet ayant même longueur ou étant plus long qu'un objet donné.
8	**Le bocal de bonbons** 	**Objectif :** Comprendre que le nombre permet d'anticiper. Construire des procédures numériques pour résoudre des problèmes additifs.	**Problème posé :** Déterminer une quantité après augmentation ou diminution.
9	**Où est le doudou de Kikou ?** 	**Objectif :** Construire et utiliser un système de repères fixes pour localiser un objet. Comprendre et utiliser les indicateurs spatiaux.	**Problème posé :** Décrire, puis représenter la position d'un objet caché. Retrouver un objet caché à partir d'indications de repérage.
10	**L'école à l'envers** 	**Objectif :** Approcher les régularités des désignations orales et écrites des nombres.	**Problème posé :** Trouver le nom et l'écriture chiffrée d'un nombre à partir de sa position dans la suite des nombres.

OBJECTIF PRINCIPAL

Quantités et nombres

▶ **Construire le sens du nombre comme mémoire de quantité (champ numérique de un à douze)**

En Moyenne Section, Louise a acquis certaines techniques numériques :

– Elle **connait la comptine** jusqu'à un certain rang.

– Elle **sait dénombrer par comptage un par un** en utilisant la suite des mots-nombres et en pointant les objets.

Au cours des **unités 1 et 2**, on s'attache à vérifier l'acquisition de ces techniques, à les entrainer et, au besoin, à revenir sur leur apprentissage. Le champ numérique retenu est celui des **nombres de un à douze**, pour lequel beaucoup d'élèves connaissent au moins la comptine numérique. Mais ce champ doit être adapté aux compétences évaluées des élèves (cf. **évaluation de début d'année sur les nombres, p. 16**).

L'objectif essentiel de l'**unité 1** est un premier travail sur le **sens du nombre, qui permet d'exprimer une quantité et d'en garder la mémoire.**
Dans la situation « **Le gouter** », les élèves sont confrontés à la **constitution d'une collection qui a autant d'éléments qu'une collection de référence.**
Ce type de problème élémentaire est fréquemment rencontré dans la vie courante : lorsque l'on met le couvert, recherche du matériel pour les élèves de son groupe, etc.

COMPLÉMENTS DIDACTIQUES ➤ CD-ROM

UNITÉ 1 : LES ACTIVITÉS

Guide p. 12

RITUELS COLLECTIFS — 5 à 10 min par jour

Activités	Boite	CD-Rom du guide	À fournir par l'enseignant
Nombres et quantités			
1. Comptines numériques			
2. Petites collections à dénombrer	• cartes collectives collections ou points du dé (1 à 4)		
3. Avec les doigts	• cartes collectives collections ou points du dé (1 à 5) en 2 exemplaires • bande numérique collective		
Espace et temps			
4. Les jours de la semaine	• étiquettes « jours »		

Guide p. 16

ÉVALUATION DE DÉBUT D'ANNÉE — individuel

Activités	Boite	CD-Rom du guide	À fournir par l'enseignant
Nombres et quantités			
1. Champ de la comptine numérique et capacité à dénombrer par comptage		• fiche d'observation → *fiche 1*	• env. 30 jetons
2. Ateliers différenciés suite à l'évaluation	• 12 cartes de la même couleur		• 12 jetons • 10 boites d'allumettes identiques chacune percée d'un trou • 15 allumettes

Guide p. 18

SITUATION DE RÉFÉRENCE — atelier dirigé sur 3 séances de 15 min

Activités	Boite	CD-Rom du guide	À fournir par l'enseignant
Nombres et quantités			
Le gouter *Groupe de 6 élèves* Constituer une collection qui a autant d'éléments qu'une collection de référence		• 6 à 12 assiettes → *fiche 2* • étiquettes biscuits → *fiche 3* • fiche d'observation → *fiche 4*	• assiettes en plastique ou à découper à partir de la fiche 2

Guide p. 24

ATELIERS DIRIGÉS

1 séance de 10 min par atelier

Activités	Boite	CD-Rom du guide	À fournir par l'enseignant
Nombres et quantités			
1. Combien y a-t-il de … ?	• cartes collectives collections et points organisés (1 à 4 et 4 à 12)		• 12 jetons et un sac opaque dans lequel on peut plonger la main
2. Mettre juste ce qu'il faut de jetons			• 12 jetons • une barquette

Guide p. 25

ATELIERS AUTONOMES

1 séance de 10 min par atelier

Cahier 1

Activités	Boite	CD-Rom du guide	À fournir par l'enseignant
Nombres et quantités			
1. Les bouchons			• 10 bouteilles en plastique • 15 bouchons dans une barquette
2. Mettre juste ce qu'il faut *matériel pour un élève*	• cartes triple (nombre, doigts, dé)		• env. 30 objets (noix, jetons...) dans une boite • une boite avec le nom de l'élève
3. Reproduire la bande numérique *matériel pour un élève selon ses compétences*	• bande référence (1 à 8, 1 à 12 ou 1 à 20) • bande vierge de 8, 12 ou 20 cases • cartes nombres (1 à 8, 1 à 12 ou 1 à 20)		
4. Les collections pareilles *matériel pour un élève*		• étiquettes collections → *fiches 5 et 6* • feuille support avec poubelle → *fiche 7*	
5. Les chiffres (1)		• chiffres modèles → *fiches 8 à 17*	• pâte à modeler • 10 pochettes de plastique
Formes et grandeurs			
6. Avec des boites			• boites de différentes tailles
7. Les cartes pareilles *matériel pour un élève*	• 18 cartes 3 ronds de couleur en 2 exemplaires • 2 bandes vierges (1 à 8)		

Guide p. 29

JEUX

accueil ou ateliers autonomes

Activités	Boite	CD-Rom du guide	À fournir par l'enseignant
Nombres et quantités			
1. Les paniers *2 à 4 joueurs*	• un panier par joueur		• 50 jetons
2. Cache loto *2 à 4 joueurs*	• 1 planche de loto collections ou points du dé (1 à 6) et 6 cartes de la même couleur par joueur		• un dé
3. La réussite n° 1 *individuel*	• bande référence (1 à 12) • support bande vierge (1 à 12) • cartes nombres (1 à 12)		

DURÉE : 5 à 10 min. / jour

RITUEL 1 Comptines numériques

Nombres
Collectif

Objectif Mémoriser la suite orale des mots-nombres

Apprendre aux élèves les comptines suivantes :

1 De un à sept, très vite : Violette violette

1, 2, 3, 4, 5, 6, 7
Violette, violette,
1, 2, 3, 4, 5, 6, 7
Violette à bicyclette.

L'enseignant compte très vite en pointant chaque élève jusqu'à 7.
Le dernier élève désigné dit « violette, violette ».
Tout le groupe recommence à compter jusqu'à 7.
L'élève désigné par l'enseignant dit « violette à bicyclette ».

2 De un à douze, en intercalant des mots : Un, deux, trois, nous irons aux bois

Un, deux, trois, nous irons aux bois
quatre, cinq, six, cueillir des cerises
sept, huit, neuf, dans un panier neuf
dix, onze, douze. elles seront toutes rouges.

3 Je peux aller très loin : Combien de plumes ?

Petit oiseau qui vient de la mer,
combien de plumes peux-tu porter ?

Tout le monde chante.

*L'enseignant montre du doigt un élève, l'élève dit « **cinq** » (ou tout autre nombre).*
On frappe tous ensemble dans les mains 5 fois.
L'enseignant recommence très vite en ménageant l'effet de surprise, afin que tout élève s'attende à être interrogé.
L'enseignant modifie les demandes :
– cette fois je veux un grand nombre ;
– ce nombre, on l'a déjà dit...

4 Je sais dire à l'envers : Ils étaient dix dans le nid...

Ils étaient **dix** dans le nid
et le p'tit dit : « Poussez-vous, poussez-vous ».
Et ils se poussèrent tous
Et l'un tomba du nid.

Ils étaient **neuf** dans le nid...

Il était **un** dans le nid
Et le p'tit dit « Ouf ».

Reprendre la comptine en enlevant 1 à chaque fois jusqu'à 1.

RITUEL 2 Petites collections à dénombrer

Nombres
Collectif

Objectif Dénombrer de petites collections (1 à 4 éléments) par reconnaissance globale

Matériel
– Cartes collectives collections (1 à 4 objets) → *boite*
– Cartes collectives constellations du dé (1 à 4 points) en 2 exemplaires → *boite*

1 La carte est montrée, un élève dit le nombre

- Montrer une carte comportant de **1** à **4** objets ou points :

Carte collections

Carte constellations du dé

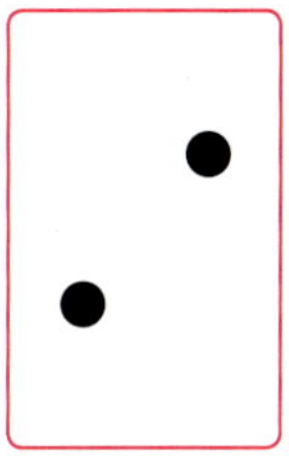

- Demander à tous de réfléchir à la question : → Combien d'objets sont sur la carte ?
Interroger un élève. Faire valider par les autres.

2 Un nombre est donné, les élèves montrent leur carte

- Distribuer les **12 cartes** comportant de **1** à **4** objets (ou points) à 12 élèves.
- Demander aux élèves : → Ceux qui ont 1 (2, 3 ou 4) objets lèvent leur carte.
Faire valider par les autres. Si besoin, faire comparer les cartes placées côte à côte au tableau ou par terre.

RITUEL 3 Avec les doigts d'une main : le jeu du muet

Nombres
Collectif

Objectifs
- Associer des collections qui ont la même quantité d'éléments
- Reconnaitre et dénombrer des quantités par perception globale ou identification de collections types (constellations du dé, doigts)

Matériel
– Cartes collectives collections (1 à 5 objets) → *boite*
– Cartes collectives constellations du dé (1 à 5 points) en 2 exemplaires → *boite*
– Bande numérique collective au moins jusqu'à 12, à hauteur des élèves → *boite*

- Annoncer que maintenant maitre et élèves sont muets. Ils ne doivent pas parler, seulement montrer avec les doigts ou une carte.

1 La carte est montrée, les élèves lèvent les doigts

- Montrez une carte comportant de **1** à **5** objets ou points :

Carte collections

Carte constellations du dé

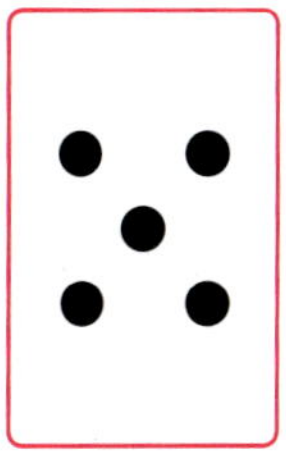

- Demander à certains élèves :
  → Montrez avec les doigts d'une main combien il y a d'objets sur la carte.
  Demander aux autres de valider les propositions.
- Dire le nombre d'objets et montrer son écriture chiffrée sur la bande numérique.

2 Les doigts sont levés, les élèves montrent leurs cartes

- Distribuer les **15 cartes** comportant de **1** à **5** objets à 15 élèves.
- Montrer sur une main une quantité de doigts (1 à 5) :

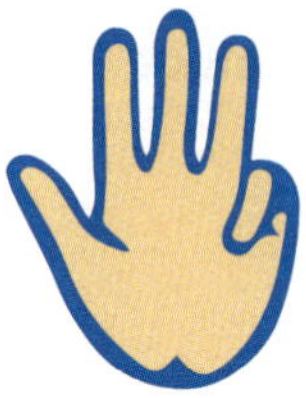

- Demander à l'ensemble des élèves :
  → Ceux qui ont le même nombre d'objets lèvent leur carte.
  Demander aux autres de valider les propositions.
- Montrer l'écriture chiffrée correspondante sur la bande numérique.

La même représentation sur les doigts est privilégiée. Il faut que les élèves la montrent instantanément. Pour ceux qui comptent les doigts ou les points un par un, l'entrainement doit se poursuivre en jouant sur la durée d'exposition des quantités, de plus en plus brève.

RITUEL 4 Les jours de la semaine

Temps
Collectif
Ce rituel est un rappel de ce qui a été travaillé en MS.

Objectifs
- Dire, mémoriser, lire le nom des jours
- Connaitre / utiliser : *avant / après ; aujourd'hui / hier / demain*
- Utiliser la frise des jours comme référent pour connaitre le jour et pour appréhender le déroulement d'une semaine

Matériel
– Frise des 7 jours à réaliser avec les étiquettes « jour » → *boite (poster)*

1 Comptine : Lundi, tout petit

- Mimer, insister sur le nom du jour placé en début de phrase :

Lundi, tout petit	*Joindre le pouce et l'index.*
Mardi, tout gentil	*Une main caresse le dos de l'autre.*
Mercredi, bien à l'abri	*Joindre les deux mains en forme de toit au-dessus de la tête.*
Jeudi, tout dégourdi	*Secouer son corps.*
Vendredi, bien assis	*Bien droit sur sa chaise, bras et mains le long du corps.*
Samedi, tout endormi	*Joindre les deux mains (oreiller) et les poser contre une oreille.*
Dimanche, tout recommence	*Faire un rond en l'air avec l'index.*

2 Afficher et dire le jour

- Construire la frise des jours avec les sept étiquettes « jours » de la boite :

LUNDI	MARDI	MERCREDI	JEUDI	VENDREDI	SAMEDI	DIMANCHE

- Montrer la frise des jours avec les photos des intervenants ou des ATSEM positionnées sur l'étiquette du jour de leur présence.
- Poser la main sur l'étiquette du jour et dire le nom du jour : « **Aujourd'hui, nous sommes ...** ».

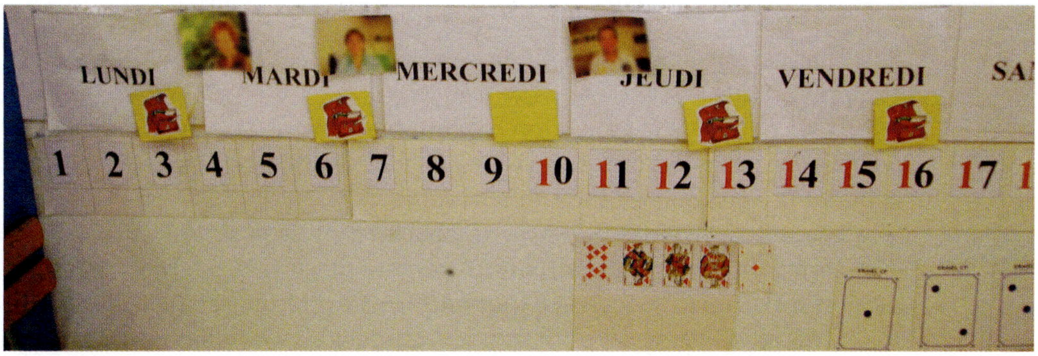

À SUIVRE

→ À partir de l'**unité 2**, la **date** (avec le jour, le quantième et le mois) sera donnée chaque jour à l'aide d'un **éphéméride**. Un élève pourra être chargé de ce rituel et écrire la date à l'aide des étiquettes présentes dans la boite. Progressivement, les élèves seront amenés à déduire la date du jour à partir de celle de la veille et à prévoir la date du lendemain.

→ En **unité 4**, ils découvriront un **autre type de calendrier** où les jours de chaque mois sont donnés sous forme de liste. Ce type de calendrier est disponible pour l'année en cours sur le **Site compagnon de Cap Maths**.

UNITÉ 1 ÉVALUATION DE DÉBUT D'ANNÉE

Dans le domaine des **quantités** et des **nombres**, une première évaluation diagnostique permet de faire le point sur les connaissances des élèves à propos de deux savoir-faire essentiels :

1. La connaissance de la comptine numérique

Maitriser la suite des mots-nombres est évidemment nécessaire. C'est le premier point qu'il faudra travailler avec certains élèves.

2. La capacité à dénombrer par comptage

Pour maitriser le dénombrement d'une collection par comptage, l'élève doit comprendre que :

– **tous les objets de la collection dénombrée doivent être énumérés** (c'est-à-dire pointés une seule fois et tous, avec le doigt, le regard ou en séparant les objets déjà comptés de ceux qui restent à compter) ;

– **à chaque objet pointé doit être associé un mot de la suite des mots-nombres** ;

– **au terme de l'énumération, le mot-nombre placé sur le dernier objet est celui qui permet d'exprimer la quantité tout entière**. Ce principe est appelé **principe cardinal.** Les élèves en difficulté savent compter (attribuer un mot-nombre à chaque élément de la collection), mais pas dénombrer (ils ne peuvent répondre à la question « combien ? » ou cette question déclenche un nouveau comptage) ;

– le comptage n'est pas un simple étiquetage des objets, mais **chaque nouveau mot-nombre énoncé pour un objet indique à la fois qu'on vient de compter un objet de plus et la quantité d'objets déjà dénombrée.**

ÉTAPE 1 Évaluation diagnostique individuelle

Passation individuelle

Cette activité peut être proposée au moment des rituels collectifs.

Matériel

- 30 jetons environ pour la classe
- Une fiche d'observation par élève → *fiche 1*

Consignes	Observations à noter
1. Demander à l'élève : → Récite la suite des nombres.	– À quel nombre *(n)* s'arrête l'élève ? – Jusqu'où la suite *(n)* est-elle conventionnelle ?
2. Montrer **3 jetons** : → Combien de jetons ? Montrer **4 jetons** : → Combien de jetons ?	– Est-ce que l'élève procède par reconnaissance globale ou par comptage ?
3. Mettre **15 jetons** dans une boite : → Donne-moi 3 jetons.	– Est-ce que l'élève procède par reconnaissance globale ou par comptage ?
4. Montrer une collection non organisée de **6 jetons** : → Combien de jetons ? Reposer la question si l'élève se contente de compter sans répondre à la question.	– Comment procède l'élève ? – Comment organise-t-il son comptage ? – Répond-il à la question ?
5. Mettre **15 jetons** dans une boite : → Donne-moi 7 jetons.	– Comment procède l'élève ? – Comment organise-t-il son comptage ?
6. Montrer une collection de **10 jetons** alignés : → Combien de jetons ? Si réussite, reposer la question avec une collection de **18 jetons** alignés.	– Comment procède l'élève ? – Comment organise-t-il son comptage ? – Répond-il à la question ?

ÉTAPE 2 Entrainements différenciés

En groupe de besoin
Ateliers dirigés

Ces entrainements sont proposés à la suite de l'évaluation diagnostique. Chaque aspect du dénombrement par comptage peut être travaillé séparément. Le cardinal des collections proposées à l'élève est bien sûr dans le champ de sa connaissance de la comptine numérique : si l'élève ne récite la comptine que jusqu'à 8, le cardinal des collections proposées est inférieur à 8.

Matériel
- 12 jetons et 12 cartes de la même couleur
- Une dizaine de boites d'allumettes identiques percées d'un trou et une quinzaine d'allumettes

1 Connaissance de la comptine

- Demander à l'élève : → Récite la suite des nombres.

Accompagner l'élève dans la récitation : reprendre le dernier mot-nombre prononcé exact, puis énoncer le suivant.

2 Reconnaissance globale de petites collections

- Présenter une collection de **2 à 4 jetons** : → Combien y a-t-il de jetons ?
Conclure avec l'élève : « Il y a ... jetons ».
- Présenter une collection de jetons : → Donne moi 3 jetons.

3 Reconnaissance de collections de doigts

- Montrer des doigts levés sur une main : → Combien ai-je de doigts levés ?
Conclure avec l'élève : « Il y a ... doigts levés ».
- Demander à l'élève : → Montre-moi 3 doigts.

4 Principe cardinal

- Présenter une collection de jetons (de **4 à 12** suivant la connaissance de la comptine de l'élève). Devant l'élève, compter les jetons en les pointant :

→ Combien y a-t-il de jetons ?

- Reprendre l'activité mais en demandant à l'élève de fermer les yeux :

→ Combien de jetons a-t-on comptés ?

5 Énumération (situation Boite d'allumettes[1])

- Présenter une collection non organisée de boites d'allumettes chacune percée d'un trou et des allumettes :

→ Mets dans chaque boite une seule allumette, en enfilant l'allumette par le trou.

Valider en ouvrant les boites pour vérifier que chacune contient bien une allumette et une seule.

6 Dénombrement par comptage

- Présenter des cartes de la même couleur empilées (de 4 à 12 suivant la connaissance de la comptine) : → Combien y a-t-il de cartes ? Conclure avec l'élève : « Il y a ... cartes ».

Le comptage nécessite de déplacer les cartes une à une.

1. J. Briand, M.-H. Salin, M. Loubet, *Apprentissages mathématiques en maternelle : situations et analyses*, CD-Rom, Hatier, 2004.

Le gouter

Objectif :
Construire le sens du nombre comme mémoire de quantité

Organisation :
groupe de 6 en atelier dirigé

Durée :
3 séances de 15 min environ chacune

PROBLÈME POSÉ

▶ Constituer une collection qui a autant d'éléments qu'une collection de référence donnée (de 5 à 12 éléments)

Les élèves doivent aller chercher des biscuits pour remplir des assiettes (un biscuit par assiette), d'abord en plusieurs voyages puis en un seul. Certaines assiettes contiennent déjà un biscuit.

Matériel pour un atelier de 6 élèves
- 12 assiettes déplaçables → *assiettes en plastique ou à découper de la fiche 2*
- 6 ou 12 assiettes non déplaçables → *fiche 2*
- 25 étiquettes biscuits dans une boite → *à découper sur la fiche 3 ou cahier de l'élève*
- Un petit plateau
- La fiche d'observation → *fiche 4*

■ Choix didactique : ce qui est travaillé dans cette situation

Le contexte familier du gouter doit permettre une appropriation rapide du problème posé. La correspondance terme à terme entre la collection d'assiettes et la collection de biscuits est comprise intuitivement, d'autant plus que certaines assiettes contiennent déjà un biscuit. Ce contexte permet également de valider le nombre de biscuits choisi par l'élève.

Les élèves vont travailler la propriété : « **avoir la même quantité signifie que les deux collections peuvent être exprimées par le même nombre** ». Dans le champ numérique travaillé (5 à 12 objets), pour résoudre correctement le problème posé avec un seul voyage, ils vont devoir faire évoluer leurs procédures et adopter un dénombrement par reconnaissance globale ou par comptage de la collection de référence (les assiettes) et de la collection à construire (les biscuits).

Propriétés étudiées

- **Notion de quantité :**

- Deux collections dont les éléments sont liés par une correspondance terme à terme ont la même quantité d'éléments.

- La quantité ne dépend ni de la nature, ni de l'organisation d'une collection.

- **Expression des quantités par des nombres :**

- Le nombre est la mesure de cette quantité.

- Deux collections exprimables par le même nombre ont la même quantité d'éléments, et inversement.

- **Principe cardinal relatif au dénombrement par comptage de un en un :**

- Quand j'ai dit les mots-nombres jusqu'à « cinq », j'ai dit 5 mots.

- Dans le comptage, chaque mot placé sur un objet dit combien d'objets ont déjà été comptés (lien entre mot-étiquette et mot-nombre).

Procédures et techniques mises en œuvre

- **Dénombrement :**

- **par perception globale** : pour 1 à 4 éléments ;

- **par reconnaissance d'une collection type** : doigts d'une main ;

- **par comptage de un en un** : énumération des objets, en particulier avec pointage et / ou marquage des objets ;

- **par composition** : par exemple « deux et deux, c'est quatre ».

Remarque : Le dénombrement porte sur des collections d'objets déplaçables ou non déplaçables.

Langage et représentations

- **Représentation d'une quantité :**

- **par une collection-témoin** : en particulier, collection de doigts ;

- **par un mot-nombre**, repéré dans la suite des mots-nombres.

- **Utilisation des termes exprimant l'équivalence des quantités pour deux collections** :
« il y a autant de ... (biscuits) que de ... (assiettes) », « il y a la même quantité de ... ».

Adaptation de la situation aux niveaux évalués des élèves

Si, lors de l'**évaluation**, certains élèves ont été repérés comme ayant des difficultés à dénombrer par comptage, proposer soit les **entrainements différenciés** (p. 17), soit la **situation du gouter avec un seul voyage** pour 2 à 4 assiettes, et **avec deux ou trois voyages** pour un nombre d'assiettes un peu plus grand. La procédure de dénombrement sera alors globale (subitizing). On s'attachera à faire utiliser le mot-nombre associé à la collection ou à la sous-collection prise en compte. La situation sera reprise ultérieurement avec des nombres plus grands.

Progression des séances et organisation

Le nombre des séances proposées est modulable en fonction de l'avancée des élèves. Le groupe de travail doit être assez homogène pour permettre la diffusion de procédures. Si l'élève est capable de dénombrer une collection comportant *n* éléments, la collection d'assiettes peut comporter *n* objets.

La fiche d'observation[2] permet à l'enseignant de noter le nombre d'assiettes choisi pour un élève avant la séance, puis sa réussite et la procédure mise en œuvre au cours de la séance. Au vu de ces résultats, il sera plus facile de déterminer quel nombre d'assiettes proposer à cet élève pour la suite de l'activité. L'utilisation de cette fiche peut paraitre contraignante, mais elle permet d'adapter la situation au niveau de chaque élève, de suivre son évolution et de garder une trace de ses performances.

2. Voir la fiche d'observation pour la situation Le gouter, p. 6.

SÉANCE 1 L'élève se sert : les assiettes sont déplaçables

Chaque élève est responsable à tour de rôle du gouter, les autres élèves observent.

1 Compléter 3 à 5 assiettes vides : la boite de biscuits est proche des assiettes

Matériel pour un atelier de six élèves

- 5 à 7 assiettes déplaçables et disposées de façon non organisée avec, pour certaines, un biscuit déjà placé : il y a entre 3 et 5 assiettes vides → *découper les assiettes de la fiche 2 ou prendre de vraies assiettes en plastique*
- 25 étiquettes biscuits dans une boite → *à découper sur la fiche 3 ou cahier de l'élève*
- La boite de biscuits et le plateau-élève sont placés à côté des assiettes

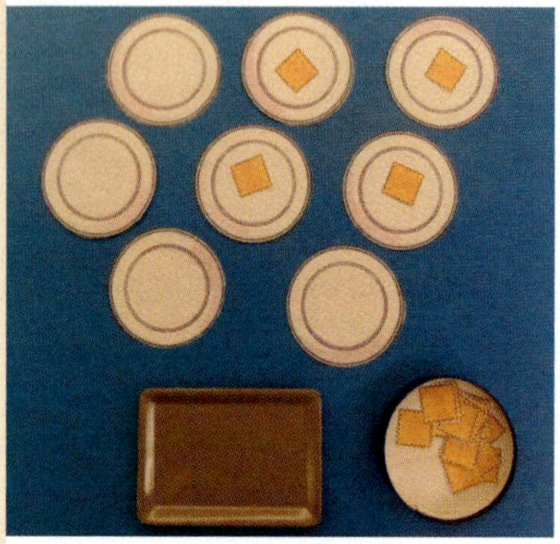

- Indiquer la consigne :

→ Le gouter va commencer quand toutes les assiettes seront garnies avec chacune un biscuit. Certaines assiettes sont déjà garnies, mais d'autres n'ont pas de biscuit. Vous allez préparer sur le plateau les biscuits pour remplir chaque assiette, un biscuit par assiette. Vous devez préparer juste ce qu'il faut de biscuits, pas plus, pas moins.

- Lorsqu'un élève a placé les biscuits sur le plateau, faire valider en lui faisant placer les biscuits sur les assiettes.

Cette première phase proposée avec un matériel qui mime une situation réelle permet une appropriation du matériel et des caractéristiques du problème posé : la collection d'assiettes vides et celle des biscuits à aller chercher sont en correspondance terme à terme.

La demande de mettre les biscuits sur le plateau avant de les placer sur les assiettes oblige les élèves à penser la correspondance entre assiettes et biscuits avant de la réaliser effectivement au moment de la validation.

Le nombre et la disposition des assiettes vides sont des variables importantes : non groupées (comme sur la photo de la p. 18) ou groupées (comme sur la photo ci-dessus).

2 Compléter 5 à 10 assiettes vides : la boite de biscuits est éloignée des assiettes mais plusieurs voyages sont possibles

Matériel pour un atelier de six élèves

- 5 à 12 assiettes disposées de façon non organisée avec, pour certaines, un biscuit déjà placé (la disposition spatiale des assiettes avec un biscuit est également non organisée) : il y a entre 5 et 10 assiettes vides
- La boite de biscuits est placée assez loin des assiettes de façon à ce que l'élève, qui se sert en biscuits, ne puisse pas voir les assiettes (en revanche, l'enseignant doit pouvoir observer sa démarche)
- Un petit plateau

- Indiquer à nouveau le travail à faire en précisant :

→ La boite de biscuits est éloignée des assiettes, mais chaque élève peut se déplacer avec son plateau pour prendre les biscuits. Il peut faire plusieurs voyages s'il le souhaite.

- Lors du retour de chaque élève, demander :

→ Est-ce que tu as juste ce qu'il faut de biscuits ?

Si l'élève le souhaite, il peut modifier le contenu de son plateau. Sinon, faire valider en demandant de placer les biscuits sur les assiettes.

- Verbaliser s'il y a erreur sur le nombre de biscuits emportés : « Il en manque, il faut retourner chercher des biscuits » ou « il y en a en trop, il faut rapporter les biscuits ». Susciter le contrôle des autres élèves.

La distance instaurée entre assiettes et biscuits oblige l'élève à imaginer un procédé pour réussir et l'engage à prendre en compte la quantité globale des assiettes. **Le fait que plusieurs voyages soient possibles** permet à l'élève de modifier une réponse erronée.

SÉANCE 2 L'élève se sert : les assiettes ne sont pas déplaçables

La séance se déroule avec le passage d'un seul élève à la fois ou de deux élèves avec chacun leur matériel.

Matériel pour un élève

- **1 ou 2 fiches assiettes avec, sur certaines assiettes, un biscuit déjà placé : il y a entre 4 et 10 assiettes vides** → *fiche 2*
- **Un petit plateau**
- **La boite de biscuits (qui est collective) est à nouveau placée assez loin des assiettes de façon à ce que l'élève, qui se sert en biscuits, ne puisse pas voir les assiettes**

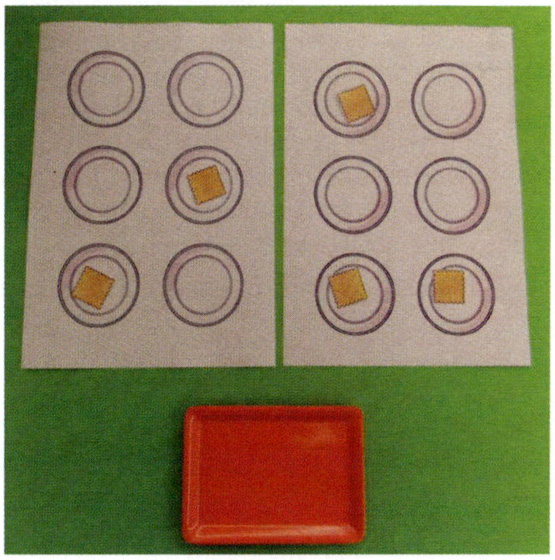

1 Compléter 4 à 10 assiettes vides en plusieurs voyages

- Faire décrire le nouveau matériel en insistant sur les changements par rapport à la séance précédente : les assiettes ne sont maintenant plus séparées.
- Redonner la consigne de la séance 1 (étape 1) en rappelant bien qu'il ne faut pas qu'il y ait de biscuits en trop.
- Au fur et à mesure des actions des élèves, verbaliser comme lors de la séance précédente. Pour chaque élève, faire préciser le nombre de voyages effectués.

Le changement de support doit aider l'élève à prendre en compte la quantité globale d'assiettes.
L'organisation de la collection des assiettes facilite les procédures de dénombrement par comptage un à un, voire par composition : « trois et encore un ».

Proposer cette seconde étape en fonction de la réussite des élèves à l'étape 1.

2 Compléter 5 à 10 assiettes vides en un seul voyage

- Donner la nouvelle consigne : → Le gouter va commencer quand toutes les assiettes seront garnies avec chacune un biscuit. Certaines assiettes sont déjà garnies, mais d'autres non. Vous allez préparer sur le plateau les biscuits pour remplir chaque assiette, un biscuit par assiette. Mais attention, cette fois, vous ne pourrez faire qu'un seul voyage. Vous devez prendre en une seule fois juste ce qu'il faut de biscuits, pas plus, pas moins.

- Lors du retour d'un élève, avant qu'il ne place les biscuits dans les assiettes, demander : → Est-ce que tu as juste ce qu'il faut de biscuits ? Susciter le contrôle des autres élèves.
- Faire valider en plaçant les biscuits sur les assiettes. Si l'élève a échoué, lui dire qu'il va pouvoir rejouer.

Le fait qu'un seul voyage soit possible contraint l'élève à prendre une information sur la quantité d'assiettes à compléter, à la garder en mémoire (c'est-à-dire à dénombrer les assiettes vides et à mémoriser le nombre) et à l'utiliser au moment de prendre les biscuits (c'est-à-dire à prendre le même nombre de biscuits). Mais d'autres procédures que le dénombrement sont possibles : mémorisation de la configuration spatiale des assiettes vides, représentation sur les doigts de la quantité d'assiettes vides. Noter la procédure de chacun sur la fiche d'observation.

Le temps de contrôle de la collection avant la validation permet la prise de conscience des propriétés en jeu :
– la collection d'assiettes vides a la même quantité que la collection de biscuits à chercher (il y a autant de biscuits que d'assiettes vides) ;
– le nombre de biscuits à aller chercher est le même que le nombre d'assiettes vides.

À la fin de l'atelier ou en regroupement collectif quand tous les élèves ont réalisé cette séance, faire un bilan avec les élèves des difficultés rencontrées pour faire un seul voyage et des procédures utilisées pour avoir autant de biscuits que d'assiettes vides :
– certains ont pris des biscuits et après il y en avait trop ou pas assez ;
– certains se souvenaient dans leur tête de toutes les assiettes vides ;
– d'autres élèves (comme ...) ont levé autant de doigts que d'assiettes vides ;
– certains ont fait des dénombrements par paquets et mémorisé plusieurs nombres : « trois et encore un et encore trois » ;
– d'autres (comme ...) ont compté le nombre d'assiettes vides et après compté les biscuits (certains se sont limités à reproduire la comptine associée aux assiettes, d'autres ont gardé en mémoire le dernier mot-nombre prononcé pour les assiettes et se sont arrêtés au même mot-nombre pour les biscuits).

Dire que l'on va rejouer une prochaine fois et qu'il faudra réussir en 1 seul voyage.

SÉANCE 3 La commande des biscuits est orale

La séance se déroule avec le passage d'un seul élève à la fois ou de deux élèves avec chacun leur matériel.

Matériel pour un élève
- **1 ou 2 fiches assiettes avec, sur certaines assiettes, un biscuit déjà placé : il y a entre 5 et 10 assiettes vides** → *fiche 2*
- **Un petit plateau**
- **La boite de biscuits est toujours placée assez loin des assiettes**

1 Compléter 5 à 10 assiettes vides en un seul voyage

Le problème posé lors de la séance précédente est repris avec la même consigne. L'élève se sert en biscuits comme lors des deux premières séances.

Proposer cette seconde étape en fonction de la réussite des élèves à l'étape 1.

2 Compléter 5 à 10 assiettes vides par commande orale

- Donner la nouvelle consigne : → Cette fois-ci, vous n'allez pas prendre vous-mêmes les biscuits, mais vous allez me les commander. Il faut toujours un biscuit par assiette. Vous devez commander juste ce qu'il faut de biscuits, pas plus, pas moins.
- Donner à l'élève ce qu'il a commandé, en le plaçant sur son plateau. Avant de procéder à la validation, lui demander : → Est-ce que tu as juste ce qu'il faut de biscuits ?

La commande orale oblige à utiliser les nombres et donc favorise la prise de conscience du fait que le nombre est un outil pertinent pour exprimer une quantité.

Ce bilan peut être fait en regroupement collectif une fois que tous les élèves ont réalisé les 3 séances de la situation.

3 Bilan oral

- Faire rappeler le contexte et le problème posé. Évoquer les différentes phases : plusieurs voyages possibles, un seul voyage, commande à l'enseignant. Questionner les élèves sur leurs procédures et leurs difficultés.
- Formuler une synthèse :

Il faut avoir autant de biscuits que d'assiettes vides (la même quantité). Pour être sûr de prendre ou de commander autant de biscuits que d'assiettes vides, il faut bien compter les assiettes vides et prendre (en les comptant) ou commander le même nombre de biscuits.

À SUIVRE

→ En **unité 2**, les élèves résoudront le même type de problème dans leur cahier avec une commande orale : → **Le gouter avec commande orale**, atelier dirigé 1 p. 43.

→ En **unité 3**, les élèves résoudront un problème similaire mais posé dans un autre contexte, avec cette fois une commande à réaliser par écrit : → **Des os pour les chiens**, atelier dirigé 1 p. 63.

1 séance de 10 min par atelier

ATELIER DIRIGÉ 1 Combien y a-t-il de ... ?

Nombres
Atelier de 6 à 10 élèves
L'activité est menée par l'enseignant ou par l'ATSEM.

Objectif Dénombrer une collection (1 à 12 éléments) par reconnaissance globale ou comptage

Matériel
- cartes collectives collections ou points organisés (1 à 4) et (4 à 12) → *boite*
- 12 jetons et un sac opaque dans lequel on peut plonger la main

▸ Cet atelier est proposé avec différentes collections à dénombrer :

– **Collections de 1 à 4 objets dessinés :**
montrer une carte collections ou points.

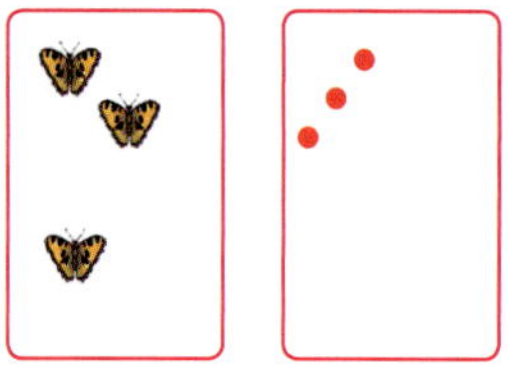

– **Doigts d'une main :**
montrer une main avec des doigts levés.

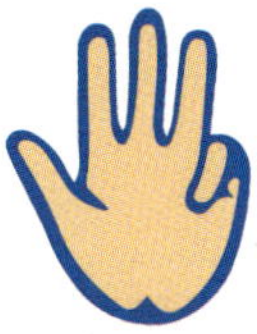

– **Collections de 4 à 12 objets dessinés :**
montrer une carte collections ou points.

– **Collections de 4 à 12 jetons :**
placer devant l'élève une collection de jetons empilés ou posés côte à côte.

ou

– **Petites collections cachées (2 à 4 jetons) :**
l'élève touche la collection de jetons placée dans un sac opaque.

▸ **Procéder toujours de la même façon :**

– Présenter la collection à un élève et demander : → Combien y a-t-il de ... ?
– Insister pour qu'il réponde en nombre d'objets (par exemple : « Il y a ... jetons ») et ne pas se satisfaire d'une simple mécanique de comptage (« un, deux, trois... »).
– Demander ensuite aux autres élèves leur avis.
– La validation se fait par comparaison des réponses des élèves et dénombrement de la collection. Conclure : « il y a ... objets, points, jetons ou doigts. »

ATELIER DIRIGÉ 2 Mettre juste ce qu'il faut de jetons

Nombres
Atelier de 6 à 10 élèves
L'activité est menée par l'enseignant ou par l'ATSEM.

Objectif Dénombrer une collection (2 à 12 éléments) par reconnaissance globale ou comptage

Matériel 12 jetons dans une boite et une barquette par élève

▸ Demander à un élève : → Mets 6 jetons dans la barquette.
Demander aux autres élèves de vérifier qu'il y a bien 6 jetons.

▸ Reprendre avec un autre élève pour un champ numérique allant de **2 à 12**.

UNITÉ 1 ATELIERS AUTONOMES

1 séance de 10 min par atelier

Les activités proposées peuvent être menées :

– soit en atelier semi-dirigé, l'enseignant intervenant en cours de réalisation auprès de l'élève ;

– soit en totale autonomie, l'élève préparant le matériel ou collant les étiquettes sur la fiche prévue.

L'évaluation par l'enseignant peut avoir lieu après l'activité.

ATELIER AUTONOME 1 Les bouchons

Nombres

Individuel dans un atelier de 6 à 10 élèves

Objectif Réaliser une correspondance terme à terme entre deux collections

Matériel par élève
- Une dizaine de bouteilles en plastique
- Une quinzaine de bouchons dans une barquette
- Le cahier de l'élève est ouvert à l'activité 1

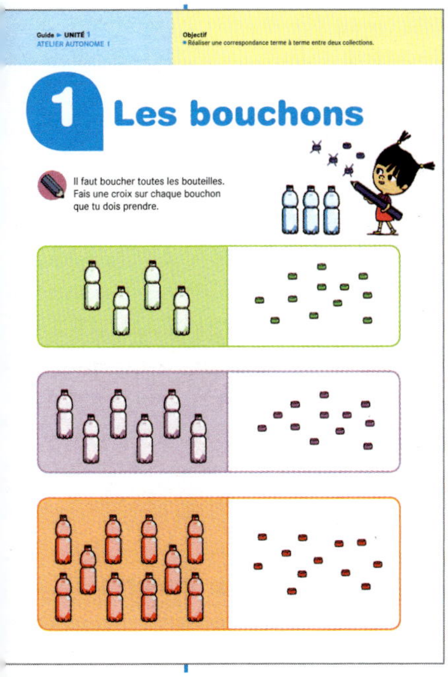

1 Activité avec le matériel

- Cette première activité, avec le matériel, précède le travail sur le cahier :

→ Toutes les bouteilles ne sont pas encore bouchées. Prépare les bouchons pour que toutes les bouteilles soient bouchées. Lorsque tu les auras préparés, tu pourras les mettre sur les bouteilles.

- La validation se fait en vérifiant que toutes les bouteilles sont bouchées.

2 Exercice sur le cahier

- Le cahier est maintenant ouvert à l'activité « **1. Les bouchons** » et placé devant l'élève :

→ Il faut boucher chaque bouteille avec un bouchon. Marque une croix sur chaque bouchon que tu dois prendre pour fermer les bouteilles.

Cette première entrée dans le cahier se fait avec un exercice très simple où on attend que les élèves procèdent par correspondance terme à terme : en pointant une bouteille, ils mettent une croix sur un bouchon. Ainsi les élèves apprennent à cocher, à mettre une croix sur un objet. Certains élèves vont procéder en dénombrant les bouteilles et en cochant le même nombre de bouchons. On n'ira pas plus loin dans l'utilisation de procédures numériques. Ce n'est pas l'objectif visé ici.

ATELIER AUTONOME 2 — Mettre juste ce qu'il faut

Nombres
Individuel dans un atelier de 6 élèves

Objectifs
- Dénombrer une collection (1 à 7 éléments) par reconnaissance globale ou par comptage
- Se familiariser avec des écritures chiffrées

Matériel
- Une vingtaine d'objets (noix, billes, jetons...) dans une boite
- Les cartes triple (1 à 7) → *boite (poster)*
- Une petite boite avec le nom de l'élève

- Donner la consigne : → Il faut mettre autant d'éléments dans une boite qu'il est indiqué sur la carte triple (écriture chiffrée, doigts de la main, dé).
- La vérification se fait en dénombrant le contenu de la boite avec l'élève.

Les **points du dé** et les **doigts** ont été utilisés dans l'atelier dirigé 1. Dans cet atelier, l'**écriture chiffrée** est pour la première fois introduite auprès des élèves avec les cartes triple, mais ils peuvent résoudre le problème sans l'écriture chiffrée. C'est la familiarisation avec ces écritures qui est recherchée ici.

ATELIER AUTONOME 3 — Reproduire la bande numérique

Nombres
Individuel dans un atelier de 6 élèves

Objectif Se familiariser avec des écritures chiffrées et la bande numérique

Matériel par élève
- Bande référence (1 à 8, 1 à 12 ou 1 à 20) suivant les compétences de l'élève → *boite*
- Bande vierge fractionnée en cases (8, 12 ou 20) → *boite*
- Cartes nombres (1 à 8, 1 à 12 ou 1 à 20) → *boite*

- Placer devant chaque élève la bande référence, la bande vierge et les cartes nombres correspondantes :
  → Il faut remettre dans l'ordre les cartes sur la bande vierge en partant de 1.
- La validation se fait en comparant avec l'élève la bande produite et la bande modèle.

1	2	3	4	5	6	7	8

ATELIER AUTONOME 4 Les collections pareilles

Nombres
Individuel dans un atelier de 6 à 10 élèves

Objectifs
- Dénombrer une collection (1 à 7 éléments) par reconnaissance globale ou comptage
- Entrainer l'utilisation de la propriété : des collections qui comportent autant d'éléments ont le même nombre d'éléments

Matériel par élève
– Étiquettes collections et points → *fiches 5 et 6*
– De la colle et la fiche support → *fiche 7*

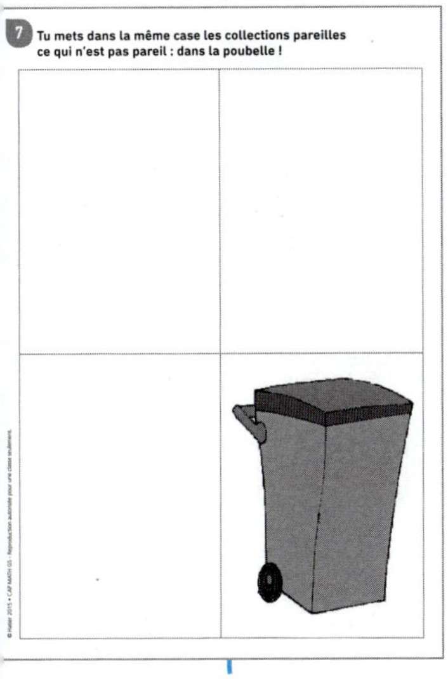

- Donner à chaque élève la fiche support ainsi que les 12 étiquettes « objets » (découpées à partir de la fiche 5) ou les 12 étiquettes « points » (fiche 6) :

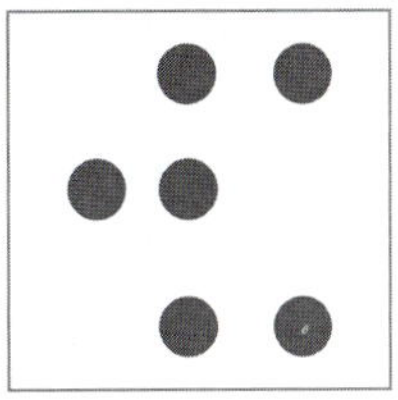

- Donner la consigne : → Il faut mettre ensemble les collections pareilles, celles qui ont autant d'objets, dans une même case de la feuille, et les collections isolées dans la case poubelle.
  Les élèves collent ensuite les étiquettes aux endroits choisis.
- La validation se fait avec l'élève en dénombrant chacune des collections placées dans une case support.

ATELIER AUTONOME 5 Les chiffres (1)

Nombres
Individuel dans un atelier de 6 à 10 élèves

Objectif Se familiariser avec des écritures chiffrées

Matériel
– Les chiffres → *fiches 8 à 17*
– Pâte à modeler et pochettes de plastique

- Placer chaque fiche avec un chiffre dans une pochette en plastique.
- Distribuer ensuite un chiffre à chaque élève et donner la consigne : → Vous devez couvrir le chiffre avec de la pâte à modeler.

À SUIVRE

Le travail d'apprentissage de l'écriture des chiffres porte à la fois sur la forme (« photographier » la forme des symboles par la vue et le toucher) et la trajectoire :

→ En **unités 2 et 3**, connaitre la forme des chiffres : → **Les chiffres (2) et (4)** en ateliers autonomes.

→ En **unité 3**, mettre en relation reconnaissance visuelle et reconnaissance tactile des chiffres : → **Les chiffres (3) : le sac à malices**, rituel.

→ En **unité 5**, acquérir le geste d'écriture des chiffres : → **Les chiffres (5)**, rituel et atelier dirigé.

ATELIER AUTONOME 6 Avec des boites

Formes

Équipe de 2 à 4

Cet atelier introduit ce qui va être travaillé sur les formes avec des boites en unité 2.

Objectif Se familiariser avec certaines caractéristiques de formes pour des solides

Matériel Récupération, au cours des semaines précédentes, de boites auprès des élèves : emballages divers de tailles modestes et de formes différentes (pavés, prismes droits, cylindres, si possible cubes, pyramides ou cônes, sphères)

- Laisser les élèves faire des assemblages : des tours, des murs, des maisons, des pyramides...
- Commenter avec eux ce qui est stable, ou ce qui l'est moins et pourquoi : nature des surfaces (planes ou non), taille des surfaces.

ATELIER AUTONOME 7 Les cartes pareilles

Espace

Individuel dans un atelier de 3 élèves

Cette activité constitue un premier problème de recherche à proposer aux élèves avancés.

Objectifs
- Se repérer dans l'espace de la carte
- Discriminer des configurations (alignement de 3 ronds de couleur)

Matériel par élève
- Les 18 cartes ronds de couleur en deux exemplaires → *boite*
- 2 bandes numériques vierges de 1 à 8 → *boite*

- Les 36 cartes sont disposées en vrac sur la table. L'élève doit retrouver les paires de cartes pareilles. Les deux bandes vierges disposées l'une au-dessus de l'autre horizontalement servent de support pour placer 8 paires.
- Montrer aux élèves que les deux cartes ci-dessous sont bien pareilles. Leur demander de le vérifier en en retournant une :

La fiche support, composée des deux bandes numériques vierges, permet de présenter les résultats en limitant la tâche de l'élève. Ce dernier prendra l'habitude d'utiliser ce support qui sera repris dans l'unité suivante.

JEU 1 Les paniers

Nombres
De 2 à 4 joueurs

Objectifs
- Dénombrer une collection type (dé) par reconnaissance immédiate
- Dénombrer une collection (2 à 6 objets) par perception globale ou comptage

Matériel
– Un dé
– Un panier par joueur → *boite*
– 50 jetons

Règle du jeu : À tour de rôle, chaque joueur lance le dé et prend autant de jetons que de points sur le dé. Il place chaque jeton gagné sur chacune des 10 cases du panier.
Le premier joueur qui a rempli son panier a gagné. Plusieurs parties peuvent être jouées.

JEU 2 Cache loto

Nombres
De 2 à 4 joueurs

Objectifs
- Dénombrer de petites collections (1 à 4 éléments) par reconnaissance globale ou par reconnaissance d'une collection type (dé)
- Dénombrer une collection (2 à 7 éléments) par comptage

Matériel
– Une planche loto (constellations du dé ou collections de 1 à 6 éléments) par joueur → *boite*
– 6 cartes caches de la même couleur par joueur → *boite*
– Un dé

Règle du jeu : Les joueurs reçoivent chacun une planche de loto.
Elles sont de deux sortes :

– soit une planche constellations du dé

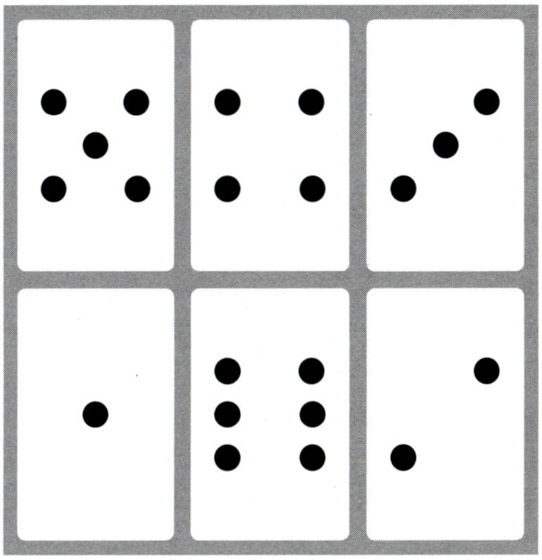

– soit une planche collections

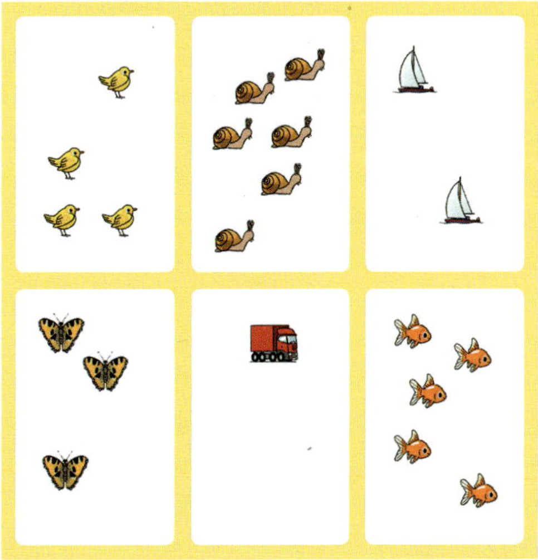

À tour de rôle, chaque joueur lance le dé et place un cache sur la case qui comporte autant d'éléments que de points sur le dé. Si un joueur ne peut placer un cache, il passe son tour.

Le premier joueur qui a placé les six caches a gagné.

JEU 3 La réussite n° 1

Nombres
Individuel

Objectif Se familiariser avec la suite des écritures chiffrées

Matériel
– Une bande numérique de référence de 1 à 12 → *boite*
– Les cartes nombres de 1 à 12 → *boite*

Règle du jeu : Le joueur dispose de la bande numérique de 1 à 12. Les cartes nombres sont mélangées, empilées, nombres non visibles. Le joueur retourne la carte du dessus et la pose au bon endroit sur la bande.

1	2	3	4	5	6	7	8	9	10	11	12

La boite de matériel (extrait)

Exemples de cartes collectives (115 mm x 178 mm) et individuelles (56 mm x 87 mm)

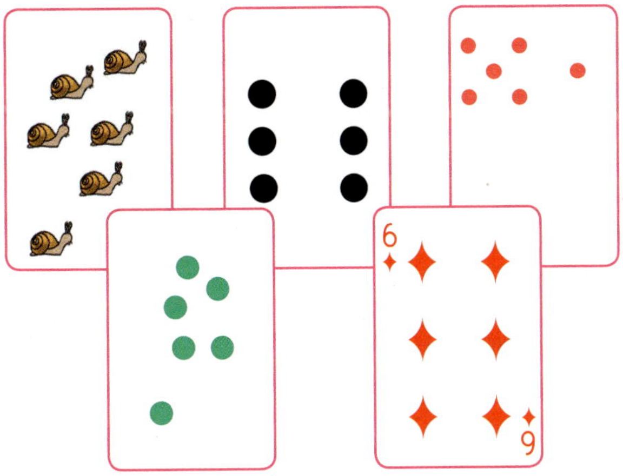

cartes collectives

cartes individuelles

Les chiffres à manipuler prédécoupés (345 mm x 245 mm)

Plateaux de jeu (poster 700 mm x 500 mm)

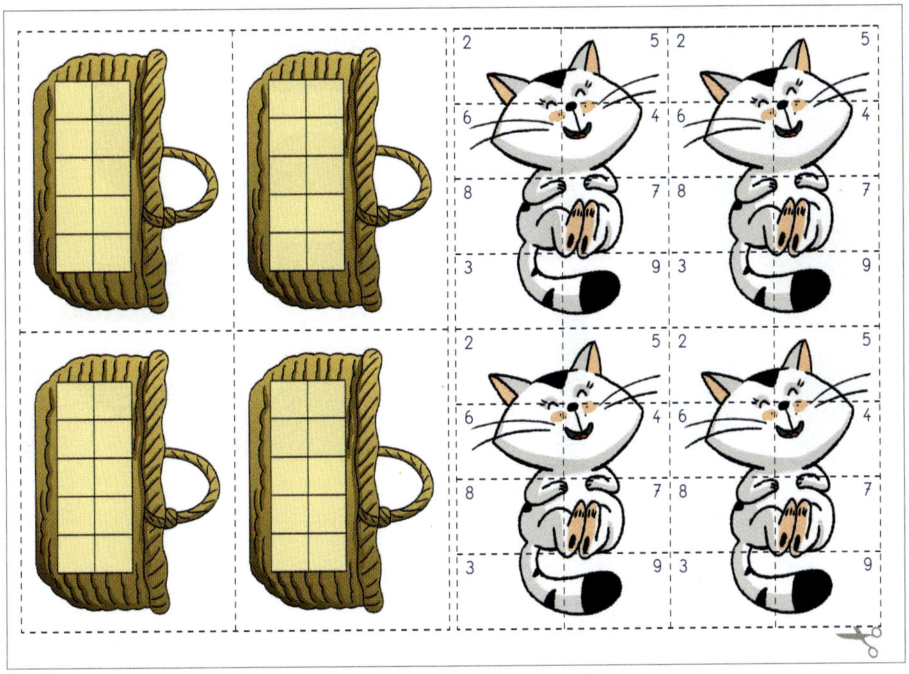

▸ 6 puzzles sur 13 (poster 700 mm x 500 mm)

▸ Les formes vertes prédécoupées : 2 planches (245 mm x 345 mm)

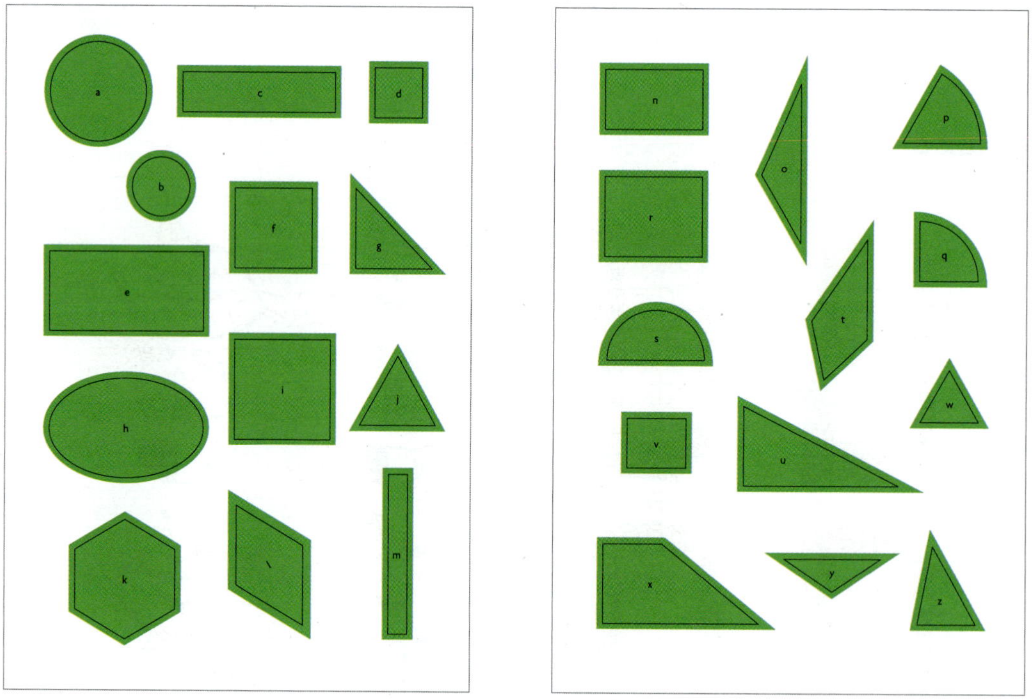

Achevé d' imprimer par Loire Offset Titoulet à Saint-Etienne - France
Dépôt légal : 04951-7/01 - Février 2015

Cap Maths GS

Cap Maths Grande Section, c'est :

→ **Une méthode qui tient compte de la spécificité de l'école maternelle :** organisation en ateliers, importance des rituels, de la manipulation, du jeu

→ **Une méthode qui s'adapte** aux différents niveaux des élèves

→ **Une méthode conçue par des experts** de la didactique des mathématiques et expérimentée sur plusieurs années

POUR L'ENSEIGNANT

Le guide de l'enseignant

- La mise en œuvre des activités
- Les commentaires pédagogiques

→ **Inclus : le CD-Rom des ressources imprimables**

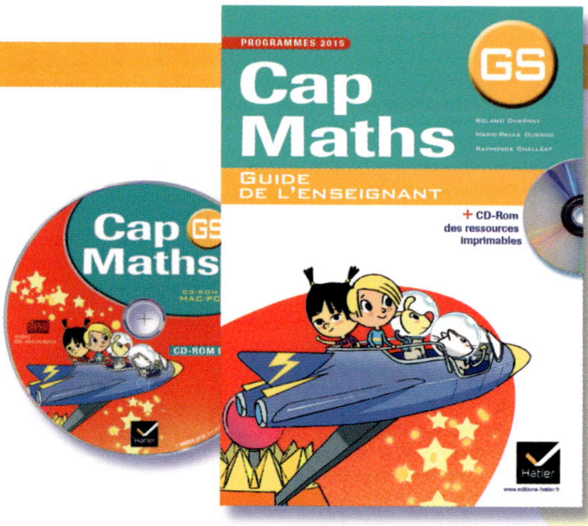

Dans chaque unité (environ 3 semaines d'enseignement) :

→ **Une situation de référence** construire et asseoir les apprentissages fondamentaux

→ **Des ateliers autonomes et des ateliers dirigés :** s'adapter à l'organisation de la classe et aux besoins des élèves

→ **Des rituels collectifs**

→ **Des jeux**

POUR L'ÉLÈVE

Le cahier de l'élève

- 32 fiches pour la trace écrite ou les ateliers autonomes
- 6 planches de matériel à découper

→ **Inclus : un cahier « parents »,** pour parler des mathématiques à la maternelle

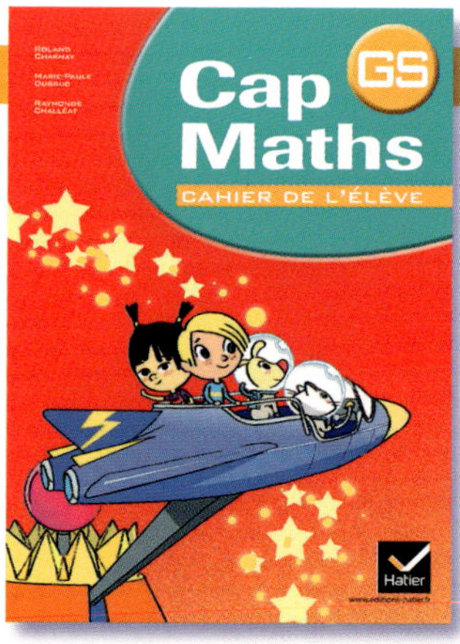

LES 360 HATIER
MANUEL INTERACTIF
GRATUIT sur adoption

POUR LA CLASSE

La boite de matériel

Un matériel pédagogique conçu pour la méthode

- Les jeux de cartes
- Les cartes collectives grand format
- Les plateaux de jeu (jeux de l'oie, lotos…)
- Le matériel grand format à découper : bandes numériques, quadrillages…

Le site compagnon Cap Maths
www.capmaths-hatier.com

- **Présentation de la méthode**
- **Forum de discussion**

33 8897 8
ISBN 301-0-000-04951-7

Cap Maths GS

PROGRAMMES 2015

ROLAND CHARNAY
Professeur de mathématiques

MARIE-PAULE DUSSUC
Professeur de mathématiques en ESPE

RAYMONDE CHALLÉAT
Professeur des écoles, maitre formateur

Ce cahier appartient à

Ce texte est conforme à la nouvelle orthographe
www.orthographe-recommandee.info

Cet ouvrage est rédigé avec l'orthographe recommandée par le ministère de l'Éducation nationale.

Hatier

À l'attention de l'enseignant

Ce **cahier de mathématiques** a été conçu pour permettre à l'élève une entrée progressive dans ce type de support.

L'élève commence par faire la connaissance des **personnages** qui vont l'accompagner dans ses apprentissages tout au long de l'année. Il peut écrire son prénom ou coller l'étiquette de son prénom.

Au début du cahier, **une seule activité par page** est prévue. L'élève doit faire une croix, puis coller des étiquettes dans des espaces bien identifiés. Progressivement, plusieurs exercices sont à réaliser sur une même page, et l'élève est amené à colorier, entourer, écrire des nombres, s'entrainer à la graphie des chiffres.

Six planches de **matériel à découper** sont présentes en milieu de cahier ; elles peuvent être retirées du cahier, les étiquettes découpées étant utilisées ou données à l'élève lors de la réalisation de l'activité correspondante. Des gommettes rondes sont nécessaires pour les activités 3, 4 et 8.

Les **deux rabats** permettent de cacher la page non utile afin de centrer l'attention de l'élève sur la page de travail. Pour une meilleure utilisation de ces rabats, nous vous conseillons de les replier en suivant la ligne marquée sur ces rabats.

Tout au long de l'année, l'élève va aussi réaliser des travaux sur les fiches imprimables proposées dans le CD-Rom du guide de l'enseignant. Si vous souhaitez **réunir tous les travaux** de l'élève en un même endroit, nous vous suggérons de fixer une pochette ou une grande enveloppe à la fin du cahier, sous le rabat.

Les auteurs.

Un grand merci à Fabienne Front, Fabienne Malatier et Julien Gentet et à leurs élèves de Grande Section qui ont testé les activités proposées dans Cap Maths GS.

© Hatier – Paris, 2015 – ISBN : 978-2-218-96010-9

Coloriage.

ET TOI, COMMENT TU T'APPELLES ?

JE M'APPELLE

_ _

Objectif
- Réaliser une correspondance terme à terme entre deux collections.

1 Les bouchons

Il faut boucher toutes les bouteilles.
Fais une croix sur chaque bouchon
que tu dois prendre.

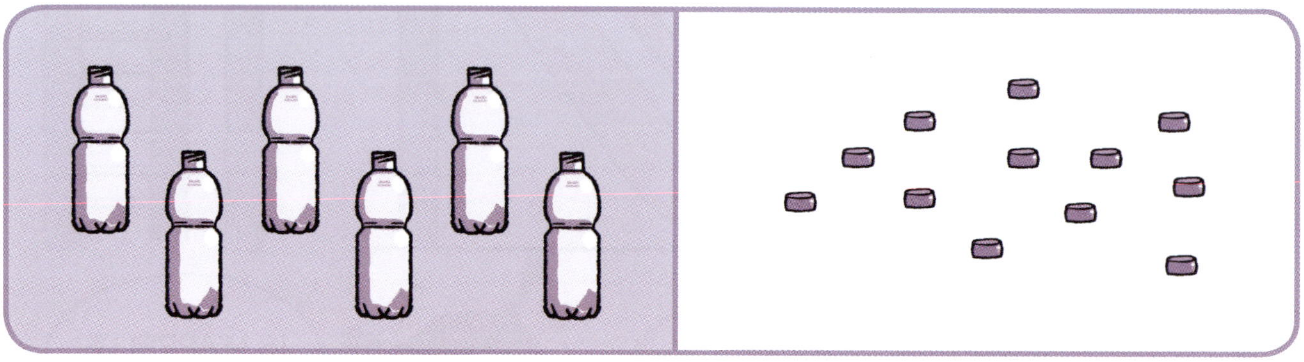

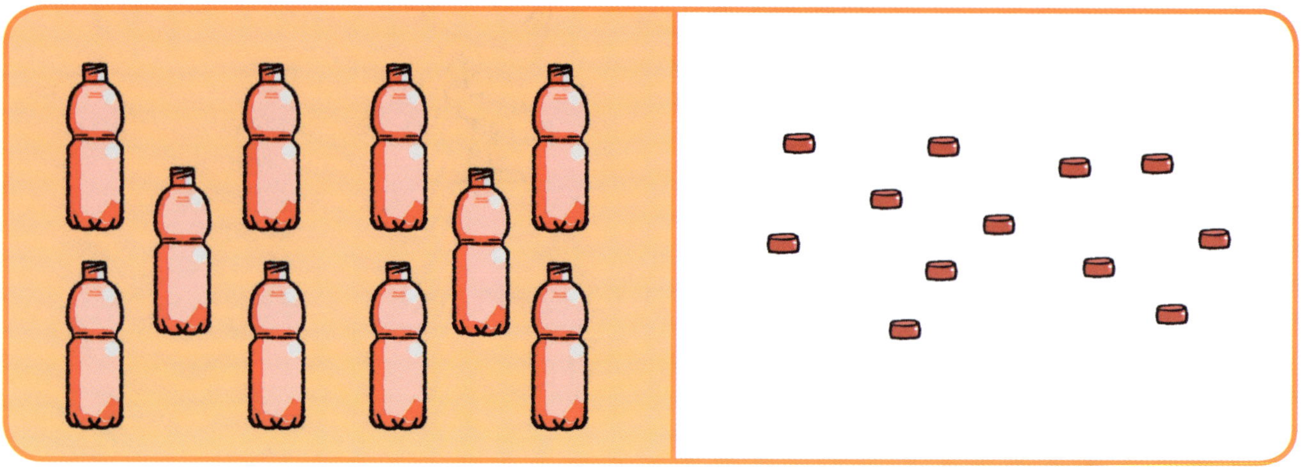

Guide ▶ UNITÉ 2
ATELIER DIRIGÉ 1
Matériel à découper → PLANCHE 1

Objectifs
- Construire une collection qui a autant d'éléments qu'une collection donnée.
- Dénombrer une collection (de 5 à 12 éléments) par comptage.

* *L'enseignant colle au préalable 1 à 7 biscuits.*

2 Le gouter

Il doit y avoir un biscuit dans chaque assiette.
Demande les biscuits qu'il faut et colle-les.

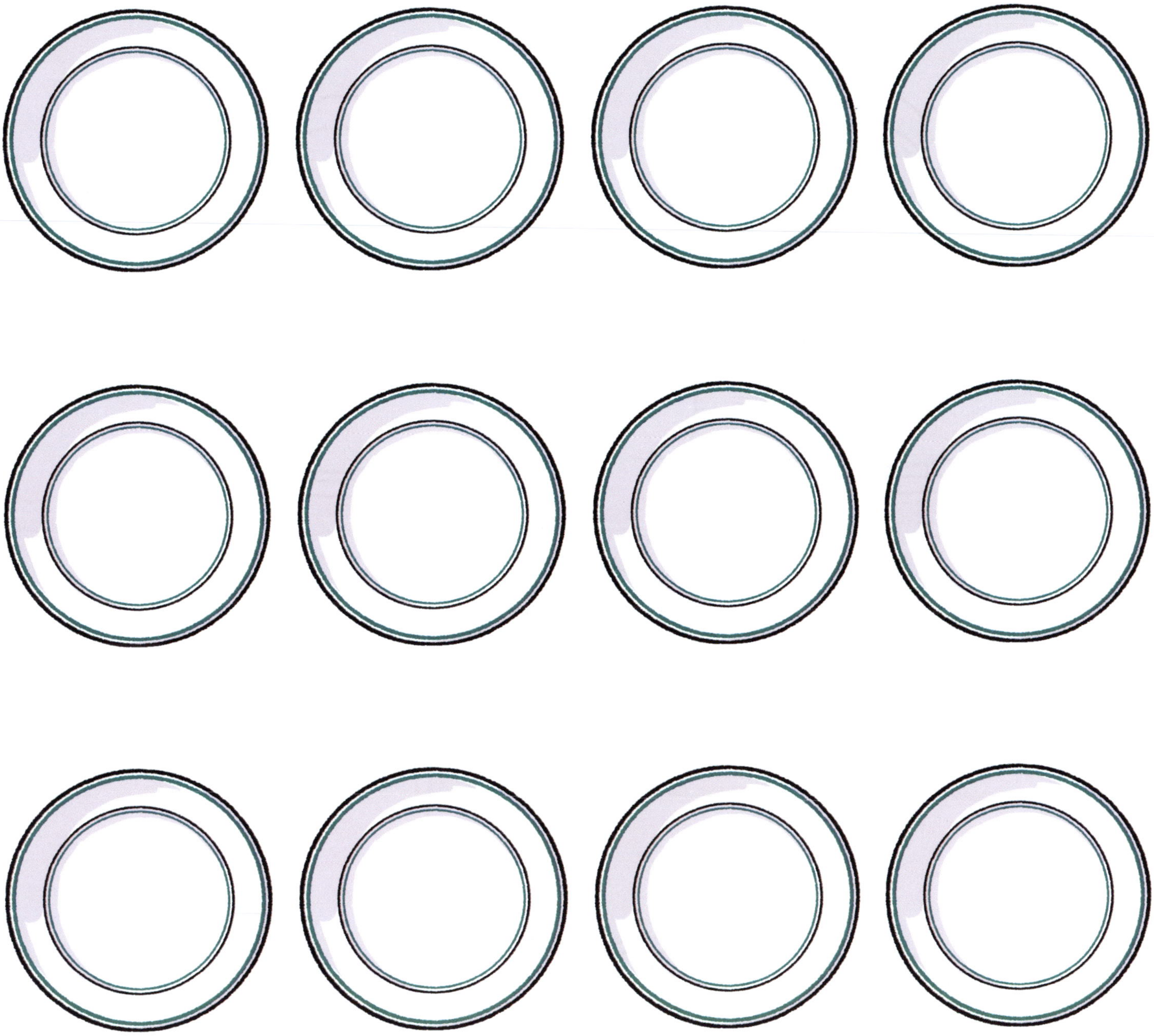

Objectif
- Résoudre un problème de partage équitable.

* *L'enseignant donne au préalable 9, 12, ou 15 gommettes.*

3 Les gâteaux à décorer

Décore chaque gâteau avec les bonbons que tu as. Tous les gâteaux doivent avoir autant de bonbons.
Il ne doit pas rester de bonbon.

Objectifs
- Dénombrer des petites collections.
- Construire une collection qui a autant d'éléments qu'une collection donnée.

* *L'enseignant donne au préalable un dé et une quinzaine de gommettes.*

4 Un dé, des gommettes

Lance le dé.

Entoure la face que tu as obtenue.

Colle autant de gommettes que de points sur le dé.

Lancer 1

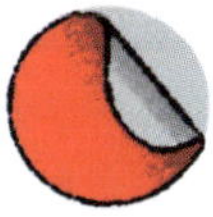

Lancer 2

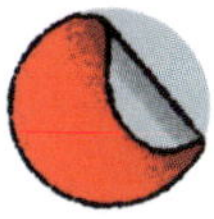

Guide ▶ **UNITÉ 4**
ATELIER AUTONOME 3
Matériel à découper → PLANCHE 2

Objectifs
- Associer à une quantité l'écriture chiffrée correspondante.
- Dénombrer une collection (de 2 à 6 éléments) par comptage, reconnaissance globale ou composition.

5 Les décorations de Noël

Colle l'étiquette qui correspond au nombre d'objets.

Objectif
- S'entrainer à des gestes précis pour comparer des grandeurs : aligner les bords.

6 La course

Colle les voitures. Elles doivent être bien alignées sur la ligne de départ.

Objectifs
- Décoder une règle répétitive à partir d'un exemple.
- Suivre une règle répétitive.

7 Les guirlandes de Noël

Kikou a commencé à colorier chaque guirlande. Complète ses coloriages.

Les ampoules

Les étoiles

Les boules

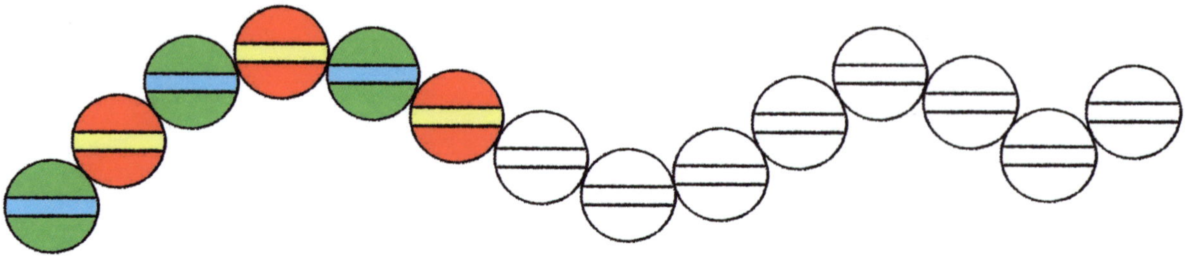

Objectif
- Choisir une quantité en comparaison avec une autre.

**L'enseignant colle au préalable 3, 5 ou 7 gommettes dans le sac.*

8 Les médailles

Mo veut ranger toutes ses médailles.
Choisis le casier. Colle-le dans le cadre rouge.

Objectif
- Comparer deux quantités.

9 Qui a le moins ?

Les petits chevaliers sont à Zac. Les balles sont à Gribouille.
Fais une croix sur celui qui a le moins de jouets.

Objectif
- Comparer deux quantités.

10 La carte gagnante

Entoure la carte qui gagne dans chaque partie.

Partie 1

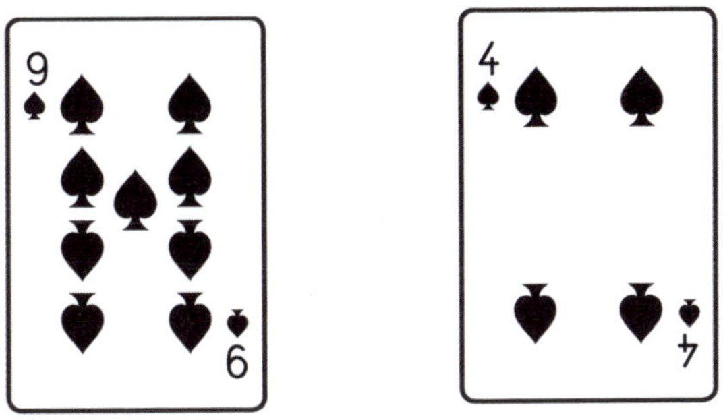

Partie 2

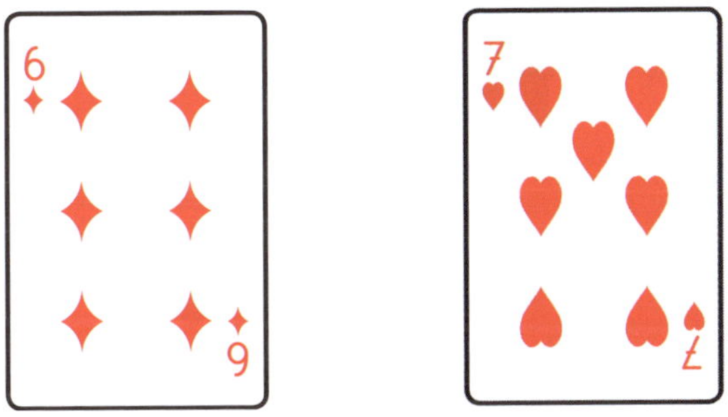

Partie 3

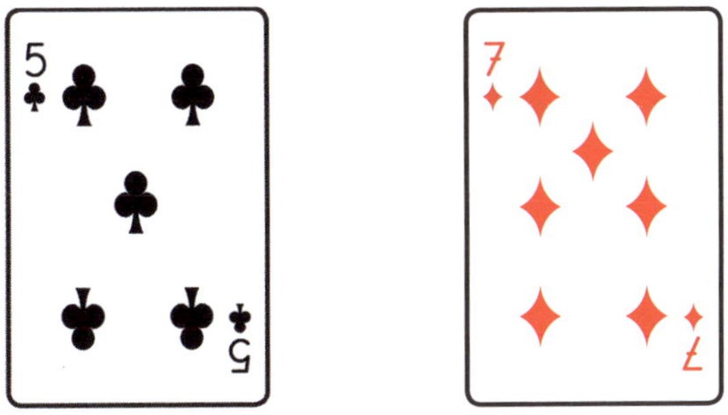

Objectif
- Comparer trois quantités.

11 La bataille des dés

Zac, Mo et Kikou jouent aux dés.
Entoure celui qui gagne dans chaque partie.

Partie 1

Partie 2

Partie 3

Objectifs
- Dénombrer une collection de 4 à 6 objets par comptage et par composition.
- Connaitre l'écriture chiffrée des nombres de 1 à 6.
- Écrire les chiffres.

12 Combien y en a-t-il ?

Combien y a-t-il d'arbres, de casquettes, d'éléphants ?
Écris le nombre dans la case.

Objectifs
- Connaitre la suite écrite des nombres de 1 à 8.
- Écrire les chiffres.

13 Le train

Kikou a décollé les étiquettes du train jaune !
Écris les numéros des wagons à la bonne place.

6

2

3

Kikou a décollé les étiquettes du train rose !
Écris les numéros des wagons à la bonne place.

5

7

Objectifs

- Connaitre la suite écrite des nombres de 1 à 10.
- Faire des tracés à main levée.

14 Que fait Gribouille ?

Relie les points dans l'ordre.

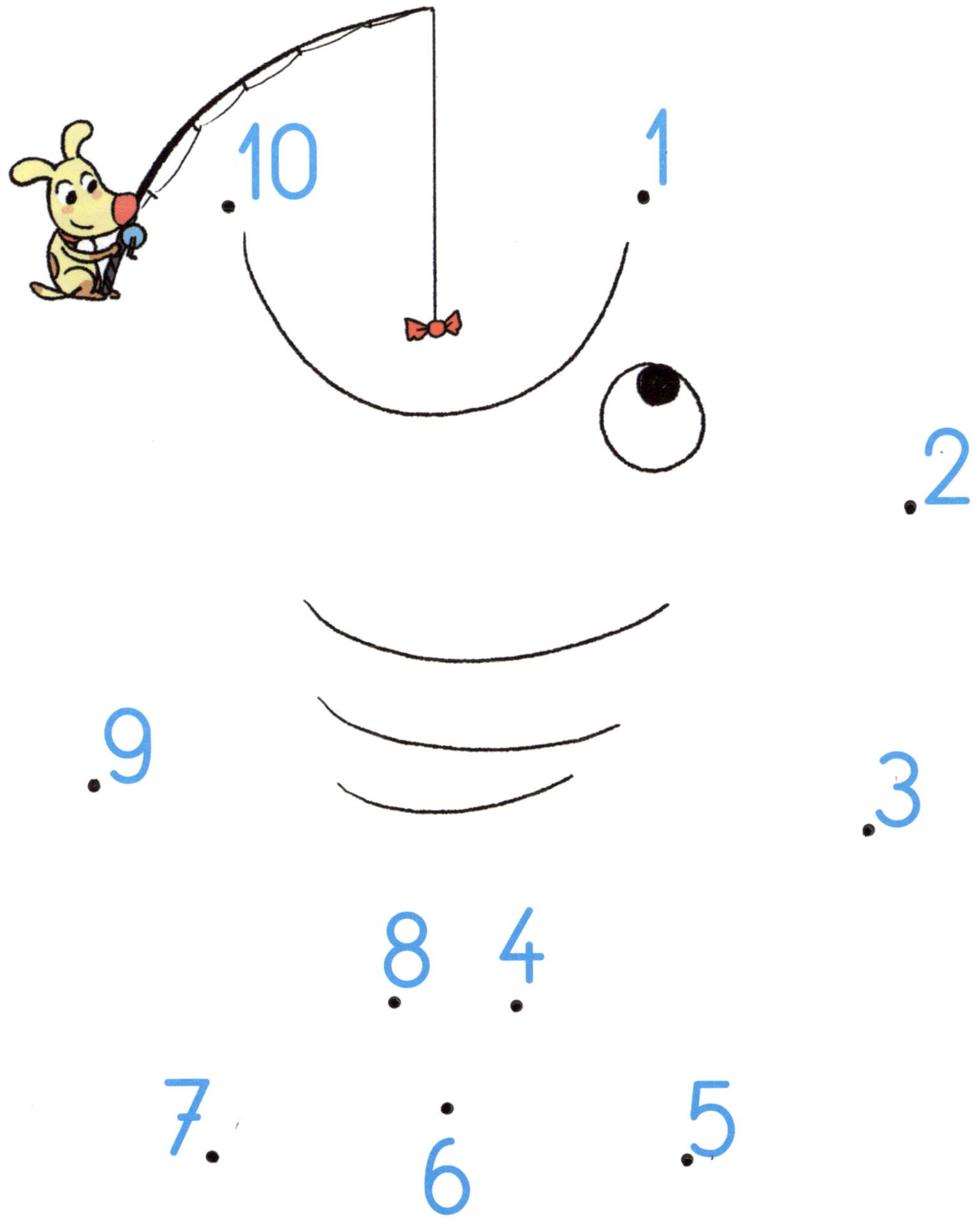

Objectif
- Écrire les chiffres 1, 2 et 3.

15 Les chiffres 1, 2 et 3

Repasse avec ton doigt sur le chiffre bleu, puis trace avec un crayon le chiffre blanc.

Écris les chiffres entre les deux lignes.

1 1 . . . .

2 2 . . . .

3 3 . . . .

PLANCHE 1

MATÉRIEL À DÉCOUPER

2 Le gouter UNITÉ 2

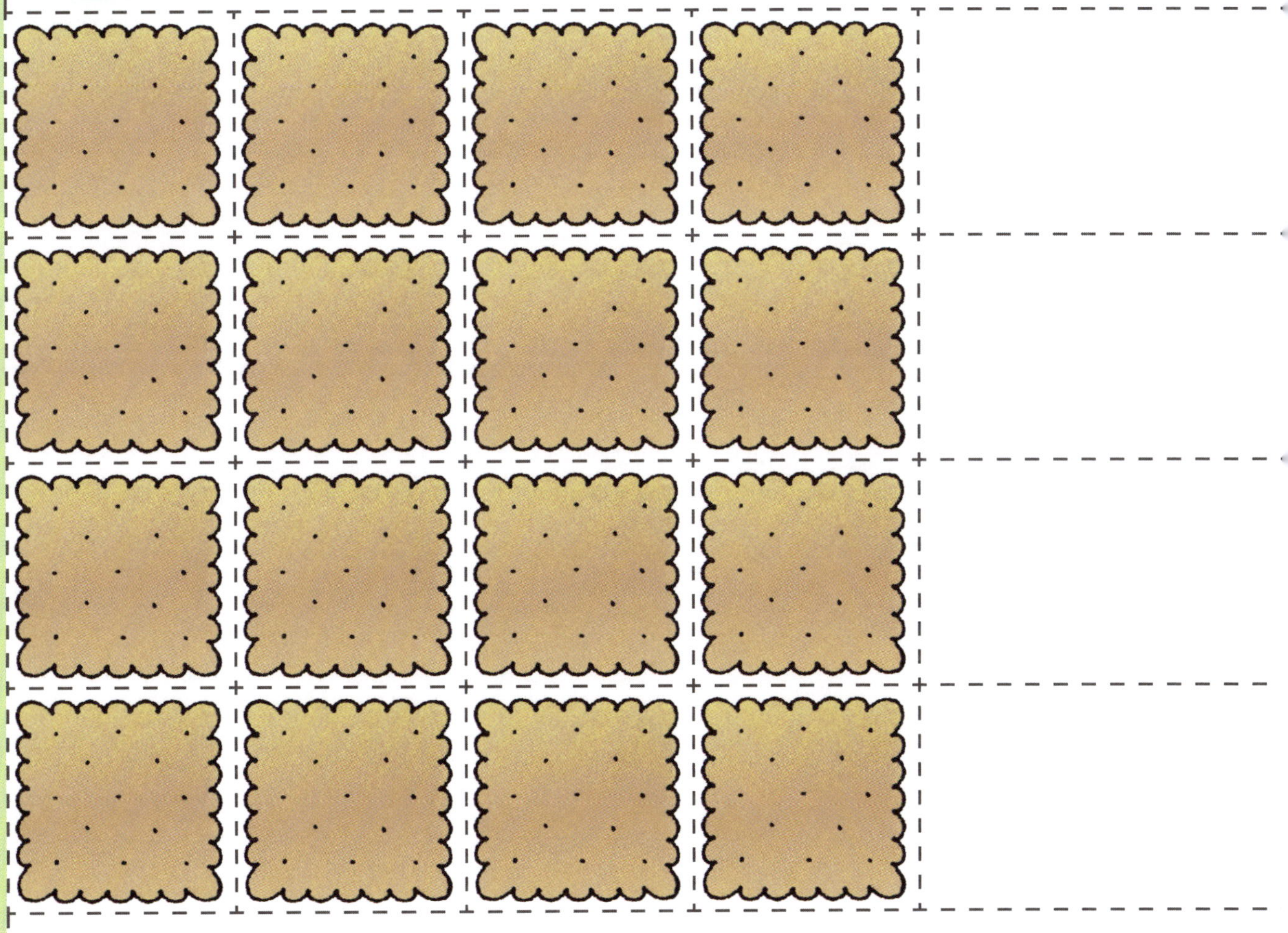

PLANCHE 2

5 Les décorations de Noël UNITÉ 4

1	2	3	4	5	6

6 La course UNITÉ 4

8 Les médailles UNITÉ 5

17 Les serpents UNITÉ 7

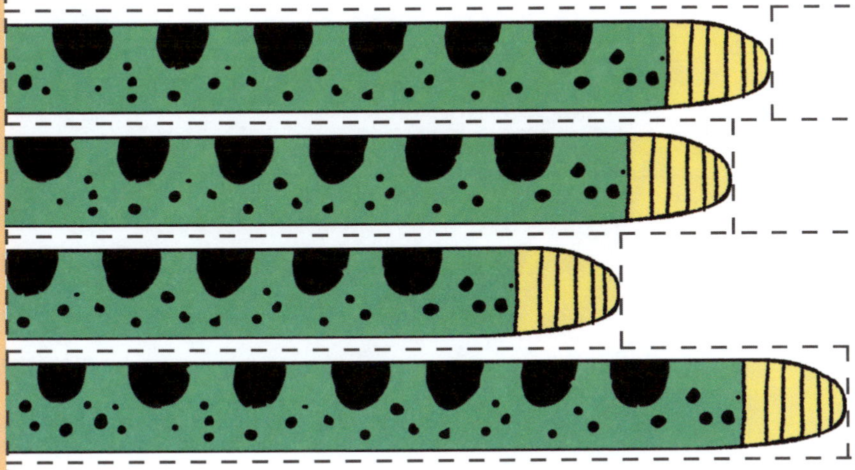

Roland Charnay

Marie-Paule Dussuc

Raymonde Challéat

Cap Maths GS

Programmes 2015

Les choix de Cap Maths pour les élèves de GS

Hatier

www.editions-hatier.fr

Cap Maths GS

Un équilibre entre le jeu, la résolution de problèmes, l'exercice et la mémorisation.

Pour aborder un nouvel apprentissage – ici, comprendre que le nombre sert à mémoriser des quantités – les enfants sont confrontés à un questionnement.

1 Au début de l'année, en unité 1, une activité est proposée aux élèves pour donner du sens aux nombres qu'ils ont déjà rencontrés.

Cette activité s'inscrit dans un contexte bien connu, celui du gouter. Elle suscite l'intérêt des élèves qui réfléchissent ensemble pour élaborer de nouvelles connaissances.

❶ Tout d'abord, les élèves découvrent la situation avec du matériel.

- Certaines assiettes contiennent déjà un biscuit.
- Les élèves doivent préparer sur le plateau les biscuits qu'il faut pour que chaque assiette en contienne un.

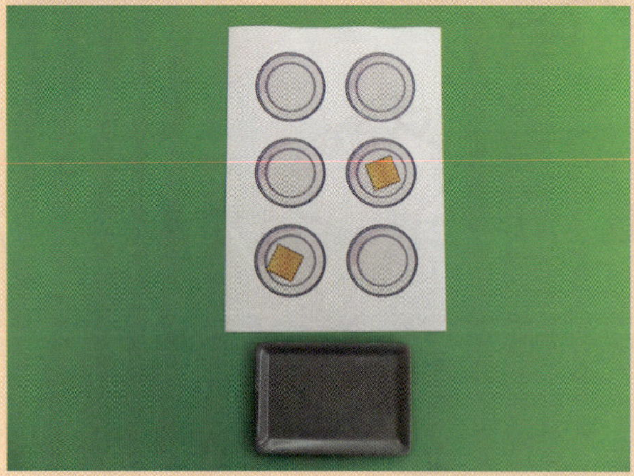

❷ Ensuite, on donne aux élèves une feuille sur laquelle sont dessinées des assiettes.

- Certaines assiettes contiennent déjà un biscuit. Les autres sont vides.
- Avec le plateau qui leur est remis, les élèves doivent aller chercher, loin du dessin, juste ce qu'il faut de biscuits pour que chaque assiette en contienne un.
Au début, ils ont droit à plusieurs allers-retours. Puis ils doivent réussir en un seul aller-retour.

Les élèves utilisent diverses méthodes : tenir levés autant de doigts qu'il faut de biscuits, compter les biscuits qui manquent et garder le nombre en mémoire…

❸ Dans la phase suivante, l'enseignant dit : « Maintenant, vous me demandez les biscuits qu'il vous faut. »

- Ne pouvant plus utiliser leurs doigts, les enfants sont fortement incités à recourir aux noms des nombres, sans que cela leur soit explicitement indiqué. C'est à eux de le découvrir.
- **À la fin de l'activité, l'enseignant fait une synthèse** pour mettre en évidence que le nombre est un moyen efficace pour résoudre ce problème, puisqu'il permet d'exprimer les quantités et d'en garder la mémoire.

2 Un peu plus tard (en unité 2), le travail est repris en atelier dirigé pour que les enfants s'entrainent en réalisant un exercice du cahier.

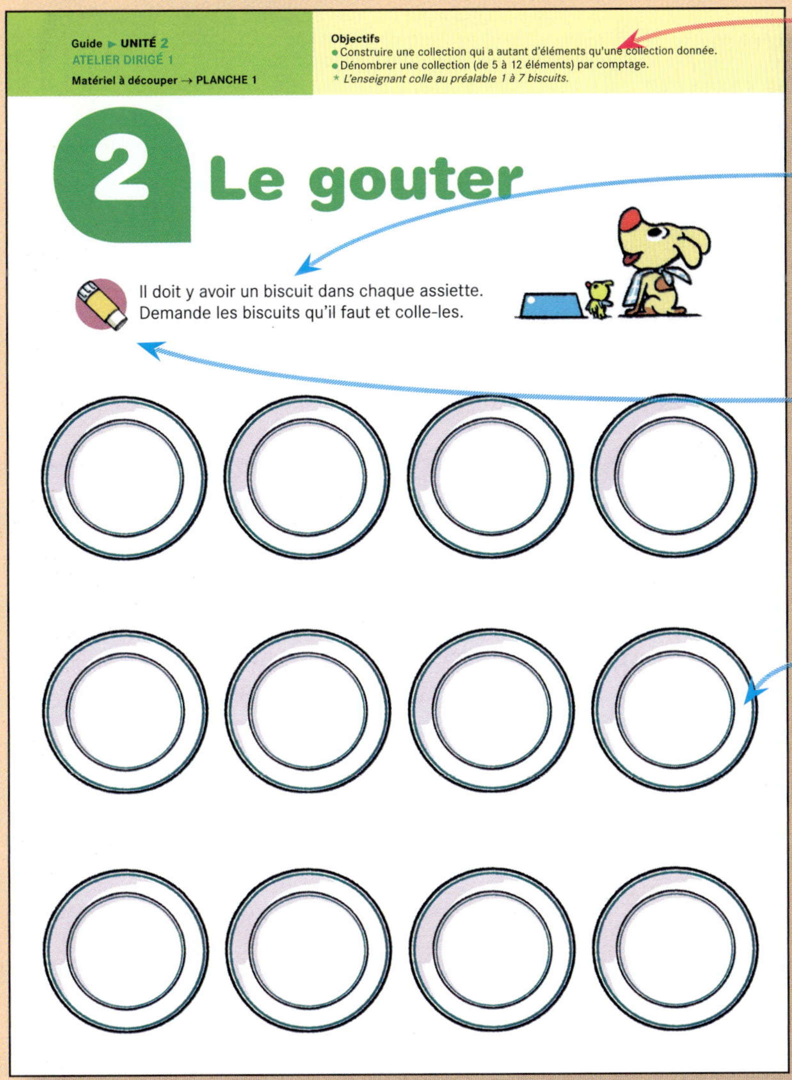
Guide ▶ UNITÉ 2
ATELIER DIRIGÉ 1
Matériel à découper → PLANCHE 1

Objectifs
- Construire une collection qui a autant d'éléments qu'une collection donnée.
- Dénombrer une collection (de 5 à 12 éléments) par comptage.

** L'enseignant colle au préalable 1 à 7 biscuits.*

2 Le gouter

Il doit y avoir un biscuit dans chaque assiette.
Demande les biscuits qu'il faut et colle-les.

Informations sur l'activité :
- référence au guide de l'enseignant
- résumé des objectifs poursuivis

Résumé de la consigne donnée par l'enseignant.

Un pictogramme et parfois une illustration aident l'élève à comprendre et à retenir la consigne.

Personnalisation : avant de donner le cahier à l'élève, l'enseignant colle un certain nombre de biscuits dans les assiettes.

3 En unité 3, l'activité est reprise dans un autre contexte.

Il faut maintenant commander des os pour le chien.

Plus tard dans l'année, la commande devra se faire par un message écrit, ce qui devrait orienter les élèves vers l'utilisation de l'écriture chiffrée des nombres.

Les choix de Cap Maths valorisent l'activité de l'élève et répondent aux orientations d'apprentissage fixées par les textes officiels.

- Apprendre en jouant.
- Apprendre en réfléchissant et en résolvant des problèmes.
- Apprendre en s'exerçant.
- Apprendre en se remémorant et en mémorisant.

Projet de programme et recommandations École maternelle (3 juillet 2014).

Cap Maths GS

Que doivent savoir les élèves en sortant de l'école maternelle ?

La réponse se trouve dans les programmes officiels* qui définissent les grands domaines de connaissances :
- *Organiser et structurer les quantités*, avec en particulier une première connaissance des nombres et leur utilisation pour résoudre des problèmes ;
- *Comparer, trier, identifier des formes et des grandeurs*, avec des objets de formes diverses (carré, triangle, cube, boule…) ;
- *Se repérer dans le temps et dans l'espace*, l'élève étant amené à situer des évènements les uns par rapport aux autres dans le temps ou des objets par rapport à leur position dans l'espace.

Plus précisément, que doivent savoir les élèves sur les nombres en fin de GS ?

À la fin de l'école maternelle, les élèves doivent savoir dénombrer des quantités de taille raisonnable (jusqu'à 10, par exemple), dire la suite des nombres jusqu'à 30 et utiliser les nombres pour résoudre divers problèmes : comparaison, augmentation ou diminution, partage…

Le cahier couvre-t-il tous les apprentissages de la GS ?

Avec les jeunes enfants, l'essentiel des apprentissages se fait à partir de questionnements portant sur des objets réels dans des activités motivantes et des jeux. Les exercices sur le cahier ne viennent qu'en complément de ces activités et ne constituent donc qu'une petite partie de ce qui est proposé aux enfants à l'école.

L'entrainement est-il limité aux exercices du cahier ?

Si les activités où les enfants doivent explorer, chercher, inventer sont fondamentales, celles où ils peuvent se familiariser avec ce qu'ils ont appris et donc s'entrainer sont tout aussi importantes. Cela se fait principalement au travers de jeux et d'activités rituelles, sous diverses formes (ateliers, coins jeux…). Là encore, le cahier n'occupe qu'une place réduite.

Quelle est la place du jeu dans les activités de Cap Maths ?

Il a particulièrement sa place dans les apprentissages mathématiques et c'est un point fort de l'approche de Cap Maths.
Le programme indique que *le jeu favorise la richesse des expériences vécues des enfants (…).*
Il permet aux enfants d'exercer leur autonomie, d'agir sur le réel (…). Il leur permet également de communiquer avec les autres (…).

Comment aider son enfant dans l'acquisition des nombres ?

Cet apprentissage se fait à l'école, mais l'environnement habituel de l'enfant est propice à des questionnements sur les quantités et les nombres : mettre le couvert pour les invités, s'assurer qu'aucune pièce ne manque dans un jeu… Tout cela ne se limite donc pas à la simple récitation de la suite des nombres et, dans ce domaine, mieux vaut un enfant qui sait bien utiliser les nombres qu'il connait qu'un enfant qui sait réciter très loin une suite de mots qui n'a pas de sens pour lui.

Comment aider son enfant dans l'acquisition de compétences relatives à l'espace et au temps ?

Ces apprentissages commencent dans l'environnement habituel de l'enfant : des mots mis sur le jour et les lieux fréquentés permettent ces apprentissages. L'école est là pour les structurer et les renforcer.

* *Projet de programme et recommandations École maternelle (3 juillet 2014).*

PLANCHE 4

18 Les guirlandes de gommettes UNITÉ 8

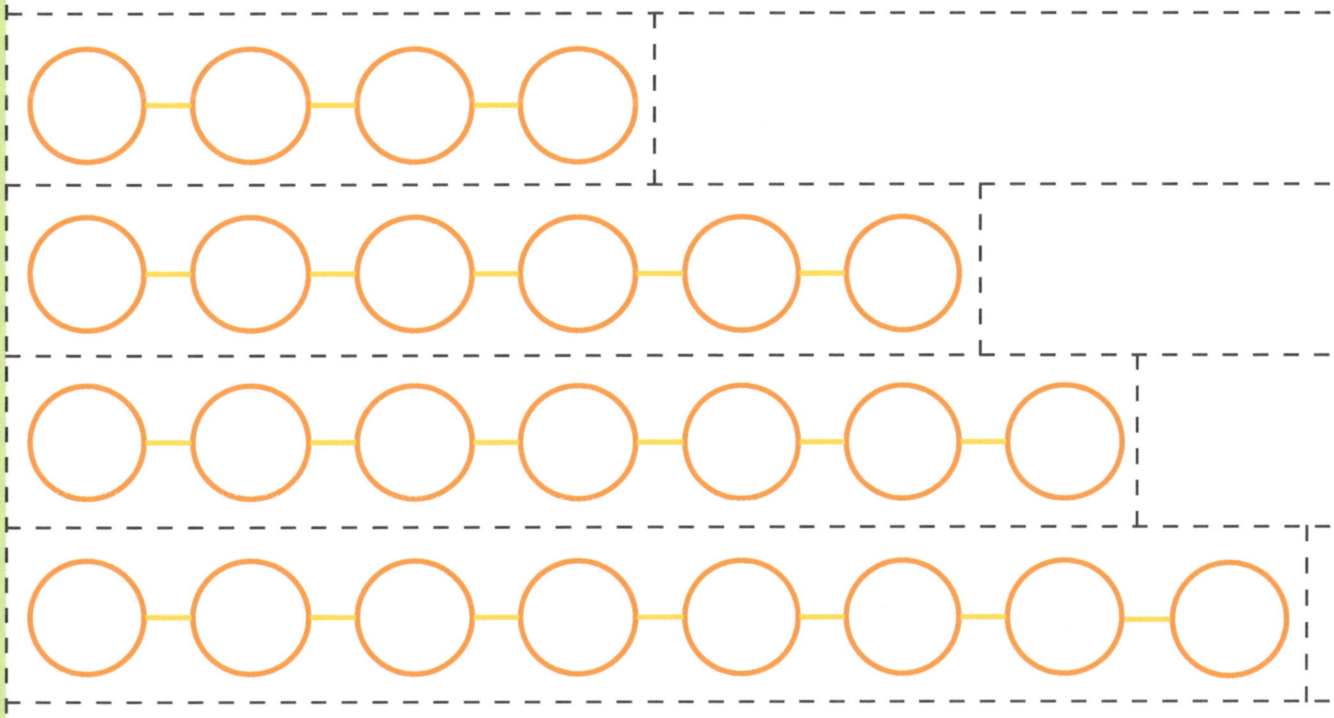

23 Les cerfs-volants UNITÉ 8

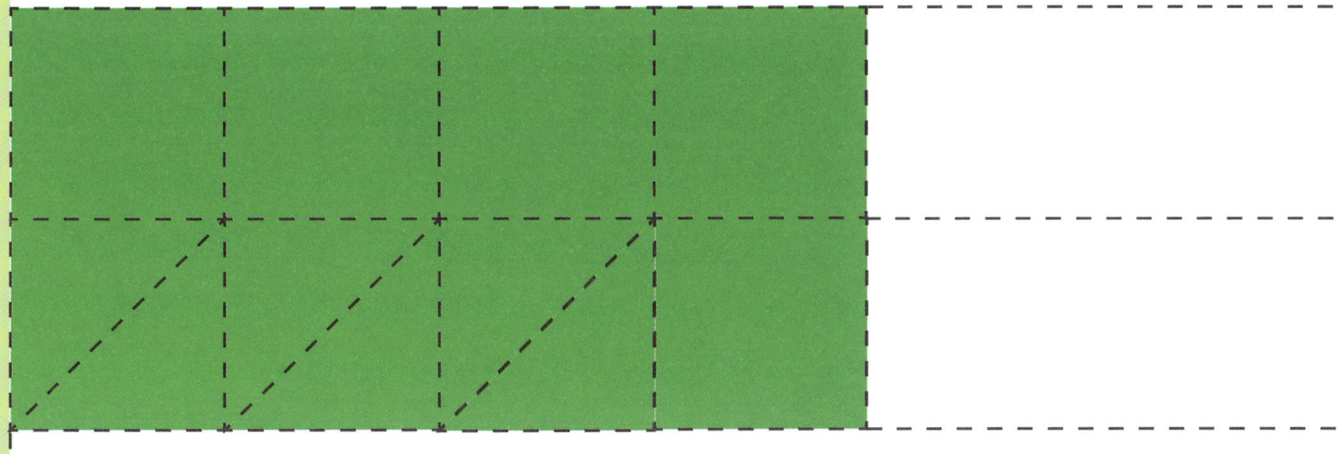

26 Le zoo UNITÉ 9

32 Les carrés bicolores UNITÉ 10

Bandes numériques de 1 à 10

1	2	3	4	5	6	7	8	9	10

1	2	3	4	5	6	7	8	9	10

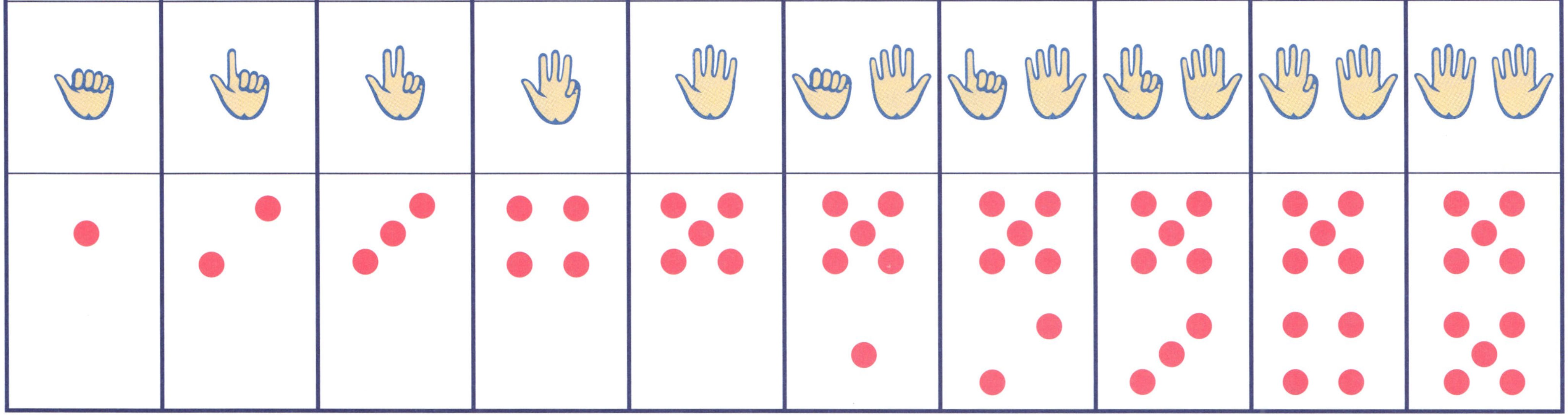

Objectif
- Écrire les chiffres 4, 5 et 6.

16 Les chiffres 4, 5 et 6

Repasse avec ton doigt sur le chiffre bleu, puis trace avec un crayon le chiffre blanc.

Écris les chiffres entre les deux lignes.

4 4

5 5

6 6

Objectifs
- Comparer des longueurs par comparaison directe.
- Ranger des objets suivant leur longueur.

17 Les serpents

Les serpents doivent être rangés du plus court au plus long. Place les corps au bon endroit. Colle-les.

Guide ▶ UNITÉ 8
ATELIER AUTONOME 1
Matériel à découper → PLANCHE 4

Objectifs
- Associer à l'écriture chiffrée d'un nombre la quantité correspondante.
- Résoudre un problème de réunion.
- Résoudre un problème de complément.

18 Les guirlandes de gommettes

Zac a reçu deux enveloppes de gommettes.
Le nombre de gommettes est écrit sur chaque enveloppe.
Colle sur le tapis vert la guirlande que Zac peut décorer avec ses gommettes.

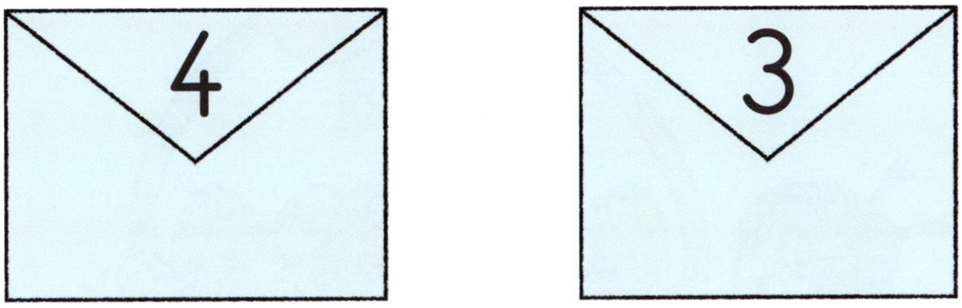

Mo a reçu deux enveloppes de gommettes.
Avec ses gommettes, elle a décoré la guirlande rouge.
Dessine sur chaque enveloppe les gommettes qu'elle contenait.

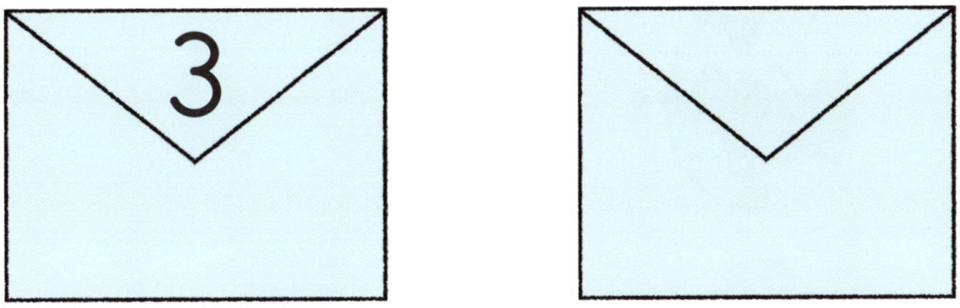

Objectifs
- Comprendre que le nombre est mémoire de quantité.
- Dénombrer de petites quantités.
- Connaitre les écritures chiffrées des nombres de 1 à 6.
- Compléter un tableau.
- S'organiser pour résoudre un problème.

19 Les œufs

Regarde le panier. Mo veut avoir les mêmes œufs.
Remplis son bon de commande.

BON DE COMMANDE	

Objectif
- Écrire les chiffres 7, 8, 9 et 0.

20 Les chiffres 7, 8, 9 et 0

Repasse avec ton doigt sur le chiffre bleu, puis trace avec un crayon le chiffre blanc.

Écris les chiffres entre les deux lignes.

7 7

8 8

9 9

0 0

Objectif
- Reconnaître des formes usuelles dans un assemblage et dans différentes orientations.

21 Le château

Colorie les carrés en rouge et les triangles en vert.

Objectif
- Comparer des longueurs avec un objet intermédiaire.

* *L'enseignant donne au préalable une bande de papier d'environ 15 cm de longueur.*

22 Le chemin le plus court

Kikou veut rejoindre un de ses amis.
Colorie le chemin le plus court.
Tu peux t'aider d'une bande de papier.

Guide ▶ UNITÉ 8
ATELIER AUTONOME 8
Matériel à découper → PLANCHE 4

Objectifs
- Reconnaitre des carrés et des triangles dans différentes orientations.
- Isoler les formes qui composent un assemblage.
- Repérer des caractéristiques de formes.

23 Les cerfs-volants

Recouvre les formes vertes avec les carrés et les triangles.
Colle-les.

Objectifs
- Connaitre la suite écrite des nombres de 1 à 20.
- Réaliser des tracés à main levée.

24 Que voit Kikou ?

Relie les points dans l'ordre.

Objectifs
- Anticiper le résultat d'un ajout.
- Connaitre les écritures chiffrées des nombres inférieurs à 10.

25 Les bonbons

Mo a 4 bonbons dans son bocal. Kikou en ajoute 2.
Combien y a-t-il de bonbons dans le bocal de Mo ?
Écris le nombre sur l'étiquette.

Zac a 5 bonbons dans son bocal. Gribouille en ajoute 3.
Combien y a-t-il de bonbons dans le bocal de Zac ?
Écris le nombre sur l'étiquette.

Guide ▶ **UNITÉ 9**
ATELIER AUTONOME 4
Matériel à découper → PLANCHE 5

Objectifs
- Associer à l'écriture chiffrée d'un nombre la quantité correspondante.
- Déterminer une quantité en comparaison avec une autre.

26 Le zoo

Colle les images d'animaux dans leur enclos.

Il y a 5 girafes.

Il y a 1 ours blanc de plus que de girafes.

Il y a 1 crocodile de moins que de girafes.

Objectifs
- Repérer une case par rapport à une autre dans un quadrillage.
- Reproduire un modèle.

27 Le pommier

Colorie le quadrillage vide comme le modèle.

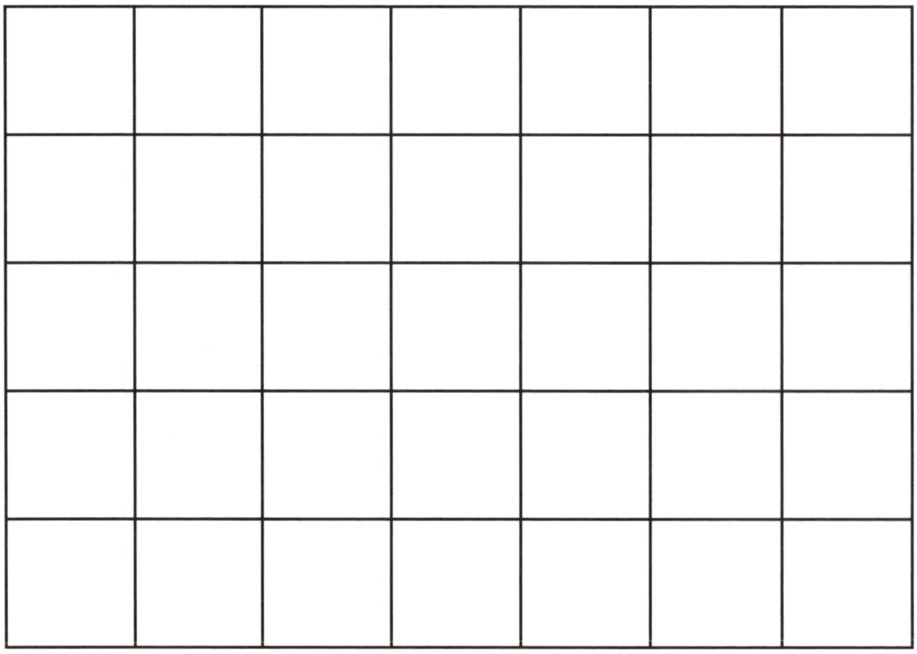

Objectifs
- Repérer une case par rapport à une autre dans un quadrillage.
- Décoder une règle répétitive à partir d'un exemple.
- Suivre une règle répétitive.

28 Les frises

Continue les coloriages de Mo.

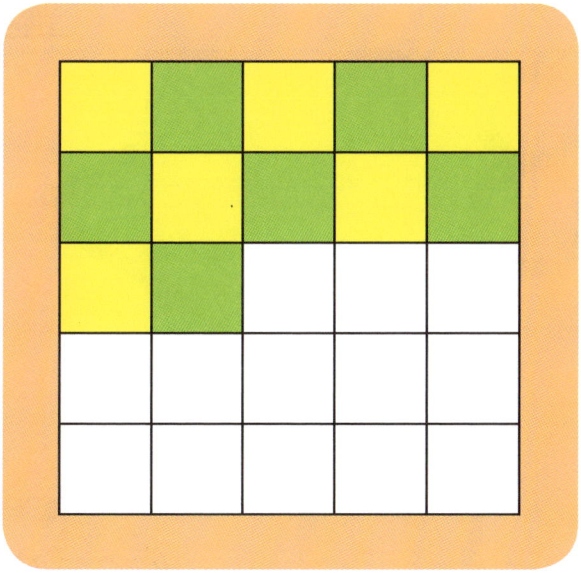

Continue les dessins de Zac.

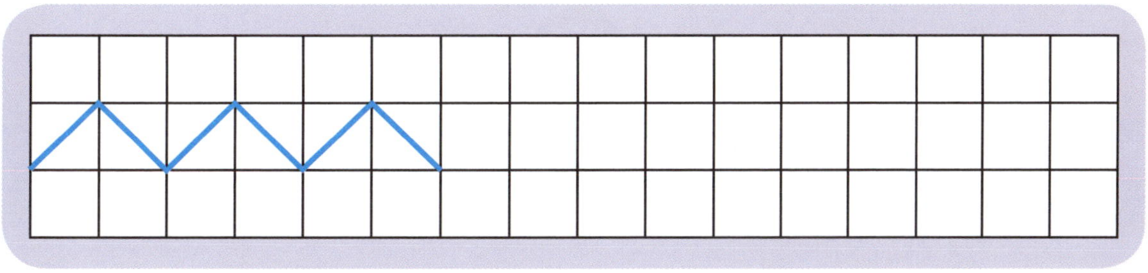

Objectifs
- Connaitre la suite écrite des nombres.
- Connaitre le prédécesseur et le successeur d'un nombre donné.
- Écrire les chiffres.

29 Quel désordre !

Gribouille a mélangé les nombres !
Sur chaque file, écris le nombre qui est juste avant, et celui qui est juste après.

3 8 7 6 4 10

☐ — 5 — ☐

☐ — 9 — ☐

Objectifs
- Dénombrer une collection de 10 à 20 objets par comptage.
- Connaitre ou savoir retrouver l'écriture chiffrée des nombres de 10 à 20.
- Écrire les chiffres.

30 Combien y a-t-il de... ?

Combien y a-t-il de poupées, de tortues, de fraises ? Écris le nombre dans la case.

Objectif
- Résoudre un problème de complément.

31 Deux cartes pour faire dix

Zac a une carte.
Entoure la carte qu'il doit prendre pour faire dix.

Zac

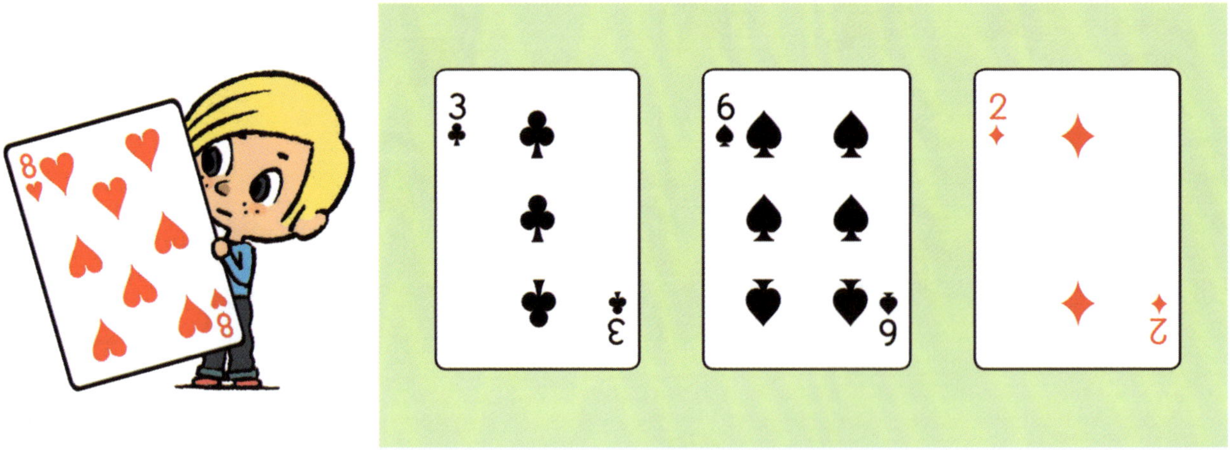

Mo a une carte.
Entoure la carte qu'elle doit prendre pour faire dix.

Mo

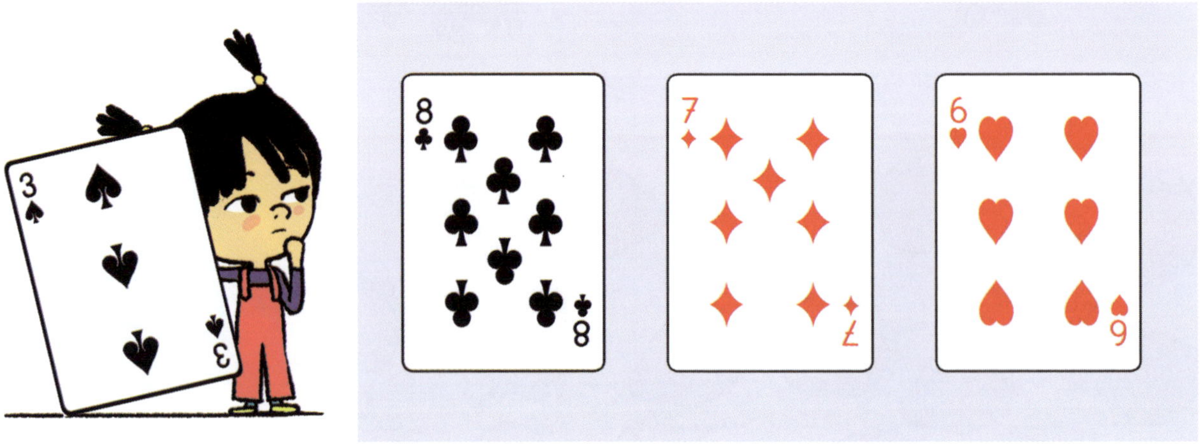

Objectifs
- Isoler une forme dans un assemblage.
- Reconnaitre une forme dans différentes orientations.
- Anticiper des changements d'orientation.
- Repérer une case par rapport à une autre dans un quadrillage.

32 Les carrés bicolores

Colle les carrés rose et bleu pour reproduire chaque modèle.

ÉDITION : Jeanne Boyer

RESPONSABLE D'ÉDITION : Corinne Caraty

CONCEPTION GRAPHIQUE : Massimo Miola

MISE EN PAGE : Jagoda Kadziela/Graphismes

ILLUSTRATIONS : Daniel Blancou

Achevé d'imprimer par Loire Offset Titoulet à Saint-Étienne - France
Dépôt légal : 96010.9-01 - Février 2015